Entomologische

Monographieen

von

Dr. Fr. Klug,

Königl. Preufs. Geh. Medicinal-Rath und Professor, Mitdirector des Königl. zoologischen Museums der Universität und Mitglied der Königl. wissenschaftl. Deputation für das Medicinalwesen, ordentl. Mitgl. d. Gesellschaft naturf. Freunde in Berlin und der märkischen ökonomischen in Potsdam, auch Mitgl. d. Kaiserl. Leopold. Akademie d. Naturforscher, der Wetterauischen Gesellschaft f. d. gesammte Naturkunde, der physiographischen Gesellschaft in Lund, der naturforschenden Gesellschaften in Halle und Moskau.

Mit 10 illuminirten Kupfertafeln.

Berlin, 1824.

Gedruckt und verlegt

bei G. Reimer.

Vorrede.

Monographieen können im Allgemeinen dem Vorwurf nicht entgehen, dafs sie immer nur einzelne, unzusammenhängende und kleine Punkte eines sehr grofsen Feldes erhellen und da auf gleiche Weise weder das Ganze noch ein erheblicher Theil desselben behandelt werden kann, der Wissenschaft einen, dem erforderlichen Aufwande von Zeit und Kosten entsprechenden Nutzen nicht gewähren.

Die Richtigkeit dieser Aeufserung findet in besonderer Beziehung auf Entomologie, in dem, ungeachtet der jährlich wachsenden Zahl der Monographieen so allgemein und lebhaft gefühlten Mangel eines umfassenden Systems Bestätigung, wobei zugleich einleuchten mufs, dafs die jetzt gewöhnlicheren Monographieen, in welchen statt gröfserer Abtheilungen und Familien Gattungen von geringem Umfange bearbeitet werden, am wenigsten geeignet sind, jene merkli-

*

che Lücke selbst nach längerer Zeit angemessen zu füllen.

Wenn hiernach eine Rechtfertigung meines Unternehmens, wodurch wieder nur die Zahl der kleinen Monographieen vermehrt wird, kaum möglich ist, so dürfte doch zu meiner Entschuldigung dienen, daſs bei der täglichen Zerstreuung durch Berufsgeschäfte sehr verschiedener Art, wo bei der Nothwendigkeit, eine groſse, durch reiche Sendungen fortwährend sich vermehrende Sammlung sicher zu stellen und allmählig zu ordnen, zu gröſseren Arbeiten Zeit zu gewinnen, fast unmöglich ist, ich lieber mich dahin bestimmte, die Beschreibungen von Arten und Gattungen und die beim Ordnen der Sammlung gleichsam von selbst entstandenen Monographieen bekannt zu machen, als sie unbenutzt zurückzulegen. Ersteres habe ich hauptsächlich darum vorgezogen, weil es mir eine passende Gelegenheit schien, für den Reichthum der hiesigen selten richtig geschätzten Insectensammlung einen, wenn auch unvollkommenen Maaſsstab zu geben und derselben wo möglich diejenige Aufmerksamkeit und Theilnahme zu gewinnen, welche die ihr zum Grunde gelegte Hellwig-Hoffmannseggsche in so hohem Grade genossen hat. Und wenn zu gleichem Zweck eine Zusammenstellung der Veränderungen, welche seit jener Vereinigung im Anfange des Jahres 1820 die hiesige Königliche Sammlung erfahren hat, hier am rechten Orte sich finden möchte, so habe ich auch diese hier folgen lassen.

Vorher enthielt das Museum der Universität keine bemerkenswerthe Sammlung von Insecten. Durch die Verbindung einer kleinen von dem Kapitän von Malinowsky erkauften Sammlung Europäischer Käfer, der, zum Theil exotischen Insecten aus dem früher erkauften Kabinet des verstorbenen Ober-Medicinalraths Dr. Riemer, der Sammlung Europäischer Schmetterlinge unsers verewigten Laspeyres, so wie verschiedener Capschen Insecten, welche mein verehrter Kollege Professor Dr. Lichtenstein dem Museum geschenkt hatte, war immer noch nichts Erhebliches zu Stande gekommen, so daſs der auffallendste Unterschied zwischen diesem und den übrigen schon reichlich ausgestatteten Theilen des Königl. Musei bis dahin herrschte, wo diese Lücke durch den Ankauf der Hoffmannseggschen Sammlung gefüllt wurde. Letztere enthielt damals gegen 19000, unter ihnen beinahe 9000 exotische, mehrentheils Brasilische Arten, worunter die Zahl der Coleopteren auf nah an 7500, der Orthopteren auf etwa 500, der Neuropteren auf 350, der Lepidopteren gegen 5000, der Hymenopteren etwas über 2000, der Hemipteren auf etwa 1400, der Dipteren nah an 2000 sich belief. Fast gleichzeitig wurde die in Herbst's Schriften oft erwähnte, mit manchem seltenen Käfer des Holthuysenschen Kabinets prangende Salingre'schen Sammlung von ihrem Eigenthümer dem Museum überlassen. Zwei kleine hiesige Sammlungen, des Hof-Chirurgus Collignon und des Kriegsrath Kirstein wurden, erstere als Geschenk, letztere durch Vermächtnifs ihm einverleibt. Auch die Gelegenheit, die bekannte Knoch'sche Sammlung um einen billigen Preis zu kaufen und dadurch die Zahl unserer Nord-Amerikanischen Insecten, vornemlich der kleineren Käfer, bedeutend zu vermehren, blieb nicht unbenutzt; endlich aber wurde im verflossenen Jahre meine eigene beträchtliche Sammlung von Hymenopteren mit der Königlichen verbunden und namentlich hierdurch eine bisher sehr mangelhafte Abtheilung jeder andern wenigstens gleichgebracht, wo nicht über dieselben erhoben. Wie aber ganz vorzüglich durch die reichen Sendungen unserer Reisenden die Sammlung der Insecten in kurzer Zeit ansehnlich und allgemein vermehrt worden, verdient mit wenigen Worten noch eine besondere Erwähnung.

Die gröfste Ausbeute hat bis jetzt auch für uns Brasilien geliefert. Die ersten minder beträchtlichen Sendungen waren aus Bahia von Freireifs. Doch sehr bald wurden sie entbehrlich durch die reichen Beiträge Sellow's, welcher, aufs thätigste von der Königl. Preufsischen Gesandtschaft am Hofe von Brasilien, Herrn Grafen von Flemming und dem eifrigen Naturkundigen Legationsrath Dr. von

Olfers unterstützt, zum Theil in des letztern Gesellschaft, mit ausgezeichnetem Glück in den Districten von Bahia und Minas Geraes, um Rio Janeiro und Montevideo, in ganz anderen Gegenden und Richtungen, als früher Sieber, des Grafen von Hoffmannsegg Kammerdiener, sammelte. Mit mancher neuen Art von Rio Janeiro hatten aufserdem der verstorbene Feldner und der Gärtner Beyrich, mit wichtigen Beiträgen daher der für Entomologie so thätige Bescke aus Hamburg und mit einer Menge der schönsten und seltensten Arten, besonders aus den Ordnungen der Coleoptera und Lepidoptera mit seltener Uneigennützigkeit Herr von Langsdorff die hiesige Sammlung bereichert. Dafs von keiner Seite die Mittheilung einzeln gefundener Stücke verweigert worden, erschien von gröfserem Belang in Hinsicht der von Langsdorffschen Sammlung, wegen der grofsen Menge darin enthaltener nur einmal gefundener Seltenheiten, die nach der ausdrücklichen Bestimmung des Besitzers der Königl. Sammlung einverleibt und nur durch eben so viele in der letztern mehrfach vorhandene Arten wieder ersetzt werden sollten.

Wenn so auf verschiedenem Wege mehrere Tausend neue Brasilische Arten dem schon Vorhandenen sich zugesellten, so war doch nicht Amerika allein die Quelle der Bereicherungen unsers entomologischen Kabinets. Was

Afrika betrifft, so erhielt das Museum durch die rastlosen Bemühungen des allzu früh verstorbenen Bergius eine ausgesuchte und ungemein schön erhaltene Sammlung Capscher Insecten. In Bergius Stelle trat Krebs. Jede Sammlung, welche derselbe am Kap und besonders in dem entfernteren District von Vitenhagen veranstaltete, vermehrte bedeutend die Anzahl der neuen Arten, so dafs jene Verbindung in entomologischer Hinsicht unstreitig als eine der wichtigsten erscheinen mufs. Endlich war unter dem, was Mund und Maire in naturhistorischer Beziehung am Kap gesammelt hatten, auch für Entomologie manches neu und bemerkenswerth.

Die Sendungen unserer Reisenden in Egypten und Nubien, des Dr. Hemprich und Dr. Ehrenberg trugen durch ihren überraschenden Reichthum ebenfalls nicht wenig zur Erweiterung der Insectensammlung bei. Dennoch ist erst der geringere Theil des dort Gesammelten in unsern Händen, da die Reisenden die Absicht haben und es für sicherer halten, ihre entomologischen Schätze mitzubringen, wenn sie selbst am Ende des künftigen Jahres nach Europa zurückkehren. — Was auf den verschiedensten Punkten der Erde Dr. von Chamisso bei Gelegenheit der Russischen Entdeckungsreise an Insecten gesammelt hatte, wurde ebenfalls dem Museum zugetheilt. — Endlich aber bleibt noch der Reise des Dr. Eversmann von Orenburg nach Buchara zu erwähnen, die auch in entomologischer Beziehung eine keineswegs unwichtige Ausbeute gegeben hat.

Wenn diese verschiedenen Sendungen das Museum zu dem Besitz einer grofsen Menge sonst nirgend vorhandener und nur auf solchem Wege zu erlangender Seltenheiten verholfen haben, so bestand ein anderer nicht geringerer Vortheil solcher Verbindungen in dem sich hierdurch zugleich bildenden Vorrath brauchbarer Doubletten, wodurch allein ein lebhafter Umtausch nach allen Richtungen hin und die Vervollständigung der Sammlung sowohl durch neuentdeckte Europäische Arten, als deren Ausstattung mit Insecten der entlegensten Länder, ohne auf den Ankauf solcher Gegenstände bedeutende Kosten verwenden zu dürfen, möglich wurde. In der Sammlung, welche auf diese Weise eine mannigfache und mehrseitige Ausbildung gewonnen, findet sich nach ihrer ursprünglichen Einrichtung bei allen nicht ganz gemeinen Insecten neben der Bezeichnung der Art und der Angabe des Vaterlandes, auch der Name des Einsenders, so dafs, wo jetzt oder später der Reichthum unserer Sammlung erkannt wird, zugleich bemerkt werden kann, wodurch es möglich geworden ist diesen Grad der Vollständigkeit zu erreichen. So werden die von jedem Freunde des entomologischen Studiums hochgeschätzten Namen: C. F. C. und C. H. Bescke, Banon, Bonfils, v. Charpentier, Dahl, Gr. Dejean, Escher

Zollikofer, Nees von Esenbeck, Gebler, Germar, Hellwig, Hemmerich, Hornschuch, Latreille, Mac Leay, Sommer, Steven, Sturm, Swainson, Westermann, Wiedemann, v. Winthem u. a. auch späteren Nachkommen ein Gegenstand dankbarer Verehrung seyn.

Die Einrichtung der jetzigen Sammlung weicht allerdings in manchen Stücken von der der ehemaligen Hellwig-Hoffmannseggschen ab, doch sind diese Verschiedenheiten nicht so wesentlich, dafs sie eine besondere Erwähnung verdienten. Die genannte Sammlung befand sich zum Theil in Kästen die nicht so dicht waren, um vor zerstörenden Insecten hinreichend zu schützen. Besonders war dieses in Betreff der Hemipteren und der Lepidopteren der Fall, welche daher zunächst, erstere durchaus, von letzteren bis jetzt die Tag- und Dämmerungsvögel, die Spinner und ein Theil der Eulen geordnet, in neue dicht schliefsende Kästen eingetragen und vor jedem weiteren Unfall sicher gestellt wurden. Von den Coleopteren sind nur hin und wieder verschiedene Gattungen, sobald nemlich die Zahl der hinzugekommenen Arten zu erheblich wurde und es zum Nachtragen an allem Raum mangelte, umgesteckt worden. Von den Hymenopteren finden sich vorläufig die Tenthredineten und der gröfsere Theil der Ichneumoniden geordnet und in den ältern

Spinden die Orthoptera, Neuroptera und Diptera zusammengetragen.

Eine Zählung der Sammlung ist in neuerer Zeit nicht vorgenommen worden. Auch jetzt dürfte es hierzu noch zu früh seyn, da für so manche Theile die neu hinzugekommenen Arten noch nicht gehörig haben nachgetragen werden können. Nur die Hemiptern sind vor kurzem gezählt worden und waren, die neuen Arten der letzten Sendung von Montevideo und der Egyptischen Sendungen nicht mitbegriffen: Heteropteren 1540, Homopteren 920, überhaupt 2460 Arten vorhanden. So ist auch die Zahl der vorhandenen Arten aus den drei ersten grofsen Abtheilungen der Glossata ermittelt worden und fanden sich Tagschmetterlinge: 2488, Abendschmetterlinge und Spinner: 1189 Arten. Am reichsten beinah von allen sind jedoch die Gattungen der Coleopteren ausgestattet, wie dieses zum Theil aus den gegenwärtigen Monographieen schon hervorgehen dürfte.

In Hinsicht auf diese selbst würde schliefslich nur wenig noch zu erin..ern seyn. Die deutschen Beschreibungen nehmen vielleicht für manchen nur unnöthigen Raum ein, im Allgemeinen dürften sie jedoch sowohl solchen Liebhabern, denen die lateinische Sprache ganz fremd ist, als auch hin und wieder zur Erläuterung der lateinischen Beschreibungen dienen. Wie schwer es zuweilen ist, sich zugleich kurz und verständlich auszudrücken, habe ich bei der Beschreibung mancher Arten der Gattungen Agra und Chlamys nur zu wohl eingesehen. Ich wünsche auf eine nachsichtsvolle Aufnahme und Beurtheilung von Denen, die sich mit mir in gleichem Fall befunden, rechnen und hoffen zu dürfen, billigen Forderungen mehrentheils genügt zu haben.

Berlin, im September 1824.

Der Verfasser.

Seiner Excellenz

dem

Herrn

Freiherrn Stein von Altenstein

Königl. Preufs. wirklichen Geheimen Staats - Minister, Chef des hohen Ministerii der Geistlichen-, Unterrichts- und Medicinal - Angelegenheiten, Ritter des rothen Adler - Ordens erster Klasse etc.

dem hohen Gönner und Beförderer jedes wissenschaftlichen Strebens als Zeichen

der innigsten Verehrung

unterthänigst dargereicht und zugeeignet

von

dem Verfasser.

C t e n o s t o m a.

Ctenostoma.

Ctenostoma Klug (Nova acta physico-medica Acad. Caes. Leop. Nat. Curios. x.). Latreille, Déjean (Histoire natur. et Iconographie des Insectes Coléopterès d'Europe I.). *Caris* Fischer (Entomographia Imperii Russici). *Collyris* Fabr. (Syst. Eleuth.). Schönherr (Synonymia Insect.).

Bei der gegenwärtigen Bearbeitung von Ctenostoma habe ich nicht die Feststellung dieser an sich ausgezeichneten und nun auch von Andern angenommenen Gattung, sondern vielmehr die Unterscheidung der Arten, auf welche es allein noch anzukommen schien, vor Augen gehabt. Herr Baron Déjean äufsert die Vermuthung, dafs Collyris formicaria Fabr., mein Ctenostoma formicarium, eigentlich nicht unterschieden, sondern höchstens Varietät der von ihm beschriebenen und abgebildeten Art sey und mit dieser bis auf den gelben, vielleicht von Fabricius und mir übersehenen Fleck am hintern Ende der Deckschilde übereinstimme. Ich habe aber drei verschiedene Arten von Ctenostoma vor mir, und unter diesen auch die Déjeansche Art, welche keineswegs einerlei mit derjenigen ist, welche ich in den Verhandlungen der Leopoldinischen Akademie beschrieben und für Fabricius's Collyris formicaria, wahrscheinlich nicht mit Unrecht, gehalten habe, die aber wohl mit Fischers Caris trinotata übereinzustimmen scheint. Die Auseinandersetzung dieser drei Arten macht den Inhalt dieses kleinen monographischen Versuchs aus, und bemerke ich hier beiläufig, dafs die hierzu gehörenden Insecten wirklich ungeflügelt sind.

Dafs Herr Präsident v. Fischer in den seiner Entomographia Imperii russici angehängten Generibus Insectorum diese Gattung bereits unter einem andern Namen: Caris aufgestellt hatte, war mir, als ich meine Abhandlung für die Verhandlungen der Leopoldinischen Akademie niederschrieb, noch unbekannt, indem damals noch kein Exemplar der Fischerschen Entomographie hierher gekommen war. Fischer's Benennung hat jedoch aus der von Herrn Baron Déjean (Hist. natur. p. 35.) angeführten Ursache nicht beibehalten werden können.

1. *Ctenostoma formicarium.*

Ctenostoma nigrum, nitidum, elytris punctatis fuscis, macula media transversa flava. Long. lin. 5½.

Ctenostoma formicarium Klug, Verhandlungen der Kaiserl. Leop. Carol. Akademie d. Naturf. II. p. 304. Tab. XXI. f. 7.

Collyris formicaria Fabr. Syst. Eleuth. I. p. 226. n. 3. Schönherr Synon. Insect. I. 1. p. 236. n. 43. 4.

Patria: Parà in Brasilia; ex Museo Comit. de Hoffmannsegg.

Caput cum palpis nigrum nitidum mandibulis apice ferrugineis. Antennae ferrugineae articulo primo fusco-nigro. Thorax nitidissimus niger. Elytra sparsim punctata, basi densius foveolata, pilifera, apice emarginata fusca, macula magna media s. fascia abbreviata pallida. Pedes pilosi picei femoribus anticis subincrassatis, posterioribus basi pallidis.

Von Parà in Brasilien; Länge: $5\frac{1}{2}$ Linien. Kopf und Bruststück glänzend schwarz, die Mandibeln mit braunen Spitzen. Die langen borstenförmigen Fühler braun mit schwarzbraunem Grundgelenk. Die Deckschilde bräunlichschwarz, einzeln punktirt und mit steifen Härchen besetzt, an der Wurzel mit tief eingedrückten Grübchen, an der Spitze etwas heller und ausgerandet. Die Mitte ziert ein blafsgelber Fleck, der in Gestalt einer Queerbinde von dem Aufsenrande bis gegen die Nath sich erstreckt. Die Beine sind mit Haaren besetzt, pechbraun, die vordersten Schenkel dicker als die hinteren, letztere an der Wurzel blafsgelb.

Auf einen Druckfehler in meiner in den Schriften der Leopoldinischen Akademie befindlichen Abhandlung, wo es statt Ct. formicarum, Ct. formicarium heifsen soll, mache ich um so mehr aufmerksam, als auch Hr. Baron Déjean veranlafst worden ist, diese unrichtige Benennung als Citat anzuführen. Uebrigens leidet es wohl keinen Zweifel, dafs die Gattungsbenennung Ctenostoma als Neutrum gebraucht werden mufs.

2. *Ctenostoma trinotatum.*

Ctenostoma nigrum, elytris punctatis, basi transversim rugosis, fuscis, fascia ante apicem apiceque pallidis. Long. lin. $5\frac{1}{2}$.

Ctenostoma formicaria, Latreille et Déjean Histoire naturelle et Iconographie des Insectes Coléopterès d'Europe I. p. 26. Tab. II. Fig. 1.

Caris trinotata Fischer genera Insect. systematice exposita etc. I. p. 99. Caris fasciata Tab. I. Fig. 3.

Patria: Rio Janeiro Brasiliae; Misit Sello et communicavit de Langsdorff.

Differt a Ctenostom. formicario F. praesertim elytris ad basin transversim rugosis, macula baseos obsoleta, apice obtuse tridentato, fasciaque semilunari infra medium pallidis. Caput nigrum nitidum, fronte plana foveolis rugisque inaequali. Antennae testaceae, articulis supra nigris. Thorax niger nitidissimus. Elytra sparsim punctata, basi rugosa seu transversim plicata apice obtuse tridentata, nigro-fusca, nitida, macula transversa baseos obsoletiori, fascia semilunari infra medium apiceque pallidis. Pedes pilosi picei, femoribus basi testaceis.

Von Rio Janeiro. Kaum merklich gröfser und eben so gestaltet als die vorhin beschriebene Art, jedoch vornehmlich in Hinsicht der Deckschilde von ihr unterschieden. Der Kopf glanzend schwarz, die Stirn voller Grübchen, die Fühler blafs gelbbräunlich, jedoch die obere Seite der Glieder schwärzlich. Das Rückenschild schwarz, glatt und glänzend. Die Deckschilde zum Theil einzeln punktirt, die vordere Hälfte dicht und stark in die Queer gerunzelt, die Spitze dreifach stumpf gezahnt. Die gelben Abzeichen auf den Deckschilden bestehen in einem dunkleren und nicht so deutlich begränzten Fleck unweit dem Grundtheil, in einer hell und lebhaft gefärbten halbmondförmigen Binde, die unter der

Mitte, mehr als bei dem Ctenostoma formicarium, der Spitze genähert und dieser die eingebogene Seite zugekehrt, sich befindet und endlich in den blafsgelblichen Spitzen der Decken selbst. Die Beine sind mit Haaren besetzt, bräunlich, die Schenkel an der Wurzel gelblich.

Die Abbildung in Fischer's Entomographie pafst zwar keineswegs genau, auch mangelt eine Beschreibung, doch ist die gröfste Wahrscheinlichkeit vorhanden, dafs keine als die hier beschriebene Art von ihm gemeint sey.

3. *Ctenostoma rugosum.*

Tab. III. Fig. 3.

Ctenostoma nigrum, fronte scabra, elytris dimidiatis transversim-rugosis, macula baseos apiceque late pallidis. Long. lin. 6.

Habitat in Brasilia; Misit Dr. de Olfers.

Distinctissima species. Caput nigrum pallidopilosum, fronte plana, scabra. Antennae nigrae, articulis tribus prioribus testaceis, dorso fuscis. Thorax aterrimus, sparsim pilosus. Elytra ultra medium rugosa nigra, macula magna baseos flava, apice glabra obtusa vixque emarginata, flava. Pedes nigropicei hinc inde pilosi, femoribus posterioribus basi testaceis.

Aus Brasilien. Sechs Linien lang. Gestalt der vorigen Arten. Kopf und Rückenschild tiefschwarz, glänzend, hin und wieder behaart. Die Stirn breit, flach, durch eingedrückte Punkte und zackenförmige Erhabenheiten ungleich. Die Fuhler lang, schwarz, die drei ersten Glieder blafsgelb, oben schwarz. Die

Deckschilde von ihrer Wurzel an bis über die Hälfte stark queer gerunzelt, hiernächst glatt; die gerunzelte Hälfte bräunlich schwarz, mit einem grofsen, einer breiten Binde ähnlichen, braungelblichen Flügelfleck, der nicht gerunzelte Theil blafs strohgelb; die Spitze gerundet, in der Mitte kaum merklich ausgerandet. Die Beine schwarzbraun, mit einzeln stehenden Haaren. Die Schenkel der hinteren Beine an der Wurzel gelblich.

A g r a.

A g r a.

Agra Fabricii (Syst. Eleuth.). Latreille Histoire natur. etc. Gen. Crust. et Ins. Considerations gener. Regne animal) Olivier (nouveau diction. d'histoire naturelle). Dumeril (Diction. des sciences natur.). Illiger (Mag. f. Insect.) Schönherr (Synonymia Ins.). Germar (Ersch u. Grube Encycl.). Klug (Verhandlungen der Kaiserl. Leopold. Carol. Akademie d. Naturf.). *Carabus* Olivier (Entomolog. Encycl. method.) *Cicindela* Fabr. (entomol. syst. emend.) *Drypta* Schönherr (l. c.).

Eine bekannte, deutlich in ihrem ganzen Körperbau unterschiedene und jetzt allgemein angenommene Gattung, deren Kennzeichen daher hier nicht weiter zu erörtern seyn werden. Im zweiten Bande der Verhandlungen der Kaiserl. Leopoldinischen Akademie der Naturforscher (dem 10ten der Nova acta Physico medica) habe ich die weit schwierigere Auseinandersetzung der Arten von Agra versucht, und jene Abhandlung ist es, welche der gegenwärtigen Arbeit zum Grunde gelegt worden. Ueber einige der mir damals noch zweifelhaften Arten, namentlich Agra aenea und rufipes F. habe ich mir seitdem nähere Kenntniſs und Aufklärung verschaffen können. Auch sind noch einige neue Agra dem hiesigen Museum zugekommen, so daſs ich es der Mühe werth hielt, mit einer wiederholten Beleuchtung der genannten Gattung hier aufzutreten. Ich habe hierbei die Schwierigkeiten gefühlt, bei einander mehrentheils sehr ähnlichen und wenig ausgezeichneten Arten durch bloſse Beschreibungen hinreichend deutlich zu werden und halte in dieser Hinsicht, namentlich was gegenwärtige Gattung betrifft, sowohl die Beschreibungen in deutscher Sprache für ein Mittel die lateinischen hin und wieder verständlicher zu machen, als auch die beigefügten Abbildungen zur Erläuterung der Beschreibungen nützlich.

Ich habe die Arten mit an der Spitze dreigezahnten Deckschilden denen, welche nur zwei Zähne an den Spitzen der Deckschilde haben, folgen lassen.

Unbekannt ist mir geblieben, auſser der Agra cayennensis Ol., welche ich nicht mit Sicherheit zu deuten wage, desselben Verfassers Agra tridentata (Entomologie III. p. 53. n. 61. Pl. XI. F. 129. Encyclopédie méthod. Pl. 180. F. 18. Drypta tridentata Schönherr Synon. Ins. I. 1. p. 237. n. 4.).

1. *Agra aenea.*

Tab. I. Fig. 1.

Agra aenea, capite elongato nitido, thorace elongato impresso - punctato, elytris punctato - rugosis, apice oblique truncatis bidentatis. Long. lin. $10\frac{1}{2}$.

Agra aenea Fabricii System. Eleuth. I. p. 224. n. 1. Schönherr Synonymia Insect. I. 1. p. 236. n. 42. 1.

Habitat in America meridionali. Mus. Reg Havn. ex Museo D[r]. de Sehestedt.

Magna, depressa. Caput laevissimum, clypeo, labroque una cum mandibulis palpisque nigro - piceis

Antennae vix elytris breviores, subpilosae, rufae, articulis ante apicem nigricantibus. Thorax capite longior, elongatus, ante apicem parum angustatus dorso vage impresso-punctatus lineolaque longitudinali media impressa divisus. Scutellum laeve. Elytra cupreo micantia thorace plus duplo longiora ad apicem latiora, apice acute bidentata, ubique impresso-punctata et punctato-rugosa, punctis magnis inaequalibus irregularibus. Venter piceus, aeneo-micans. Pedes picei tibiis femoribusque aeneis, tarsis fulvo-pilosis.

Vaterland: Südamerika. Länge 10½ Linien. Glänzend erzfarben. Kopf sehr glatt, Schildchen, Lefze, Freſszangen und Freſsspitzen glänzend braun. Die Fühlerglieder braun, an der Spitze schwarz. Das Bruststück fast noch einmal so lang als der Kopf, oben punktirt, die Punkte eingedrückt, groſs, einzeln stehend, einigermaſsen in Längsreihen geordnet. Rückenschild sehr klein. Deckschilde noch einmal so lang als das Rückenschild, an den Spitzen schräg abgeschnitten, zu beiden Seiten in einen spitzen Zahn auslaufend. Fläche stark punktirt. Punkte groſs, eingedrückt, kaum in Reihen geordnet. Der Raum zwischen den Punkten ungleich erhöhet. Bauch bräunlich mit Erzglanz. Beine erzfarben, Fuſsglieder mehr bräunlich, Sohlen mit goldgelben Haaren besetzt.

Beschreibung und Abbildung nach dem Exemplar der ehedem Lund-Sehestedschen, jetzt Königl. Dänischen Sammlung in Kopenhagen.

Wahrscheinlich gehört hierher: Carabus cayennensis Olivier (Entomologie III. p. 53. n. 60. Taf.

XII. F. 133.). Drypta cayennensis Schönherr (Synonymia Ins. I. 1. p. 237. n. 3.).

2. *Agra rufescens.*

Tab. I. Fig. 2.

Agra piceo-sub-aenea, antennis pedibusque rufo-piceis, capite ovali laevi, thorace elongato, punctato-rugoso, elytris impresso-punctatis, apice oblique truncatis bidentatis. Long. lin. 10.

Agra rufescens Klug Verh. d. Leopold. Akad. II. p. 281. n. 1.

Patria: Bahia in Brasilia. Misit Sello.

Magna, subdepressa. Caput thorace vix angustius, ovale, laeve, marginibus sparsim punctatum rufo-piceum, clypei apice, labro palpisque dilutioribus. Mandibulae piceae, apice nigrae. Antennae elytrorum fere longitudine, subpilosae, rufo-piceae. Thorax capite vix longior, ad apicem parum angustatus, supra punctis impressis, saepius confluentibus, inaequalis, subtus vix punctatus. Scutellum concolor. Elytra thorace plus duplo longiora, capite duplo fere latiora, subaequalia, marginata, marginibus rufescentia apice oblique truncata, acute bidentata, picea, aeneo-submicantia, punctata, punctis magnis inaequalibus impressis, saepius confluentibus, in seriebus novem longitudinalibus positis. Venter piceus segmentis apice ferrugineo-subpilosis. Pedes rufo-picei, femoribus subincrassatis, tibiis rarius, tarsis densius fulvo-ciliatis. Plantae fulvo-tomentosae.

Mas tibiis posticis subincurvatis, intus fusco-subtomentosis differt.

Von Bahia in Brasilien. Beinah eben so grofs, doch im Verhältnifs breiter als die vorhergehende

Art. Die Farbe pechbraun, nur an den Deckschilden mit schwachem Erzschimmer. Der Kopf glänzend, am Rande einzeln punktirt, das Schildchen und die Spitze der Lefze hellröthlich gefärbt. Fühler und Fresspitzen, erstere etwas kürzer als die Deckschilde und überall mit Härchen besetzt von braunrother Farbe. Das Brustschild, etwas länger als der Kopf, ist oben durch unregelmäßsig umhergestreute grubenförmig vertiefte Punkte ungleich; das Schildchen ist sehr klein. Die Deckschilde sind im Verhältniſs zum Rückenschilde mehr als noch einmal so lang und ungefähr noch einmal so breit, vor der Spitze breiter, an der Spitze schräg abgeschnitten und in jedem der Endwinkel in einen scharfen Zahn auslaufend. Sie haben einen helleren deutlich erhabenen Rand und reihenweis tief eingedrückte Punkte, die theilweise, besonders an der Nath in Linien zusammenfliefsen. Die untere Fläche des Körpers ist sammt den Beinen rothbraun. Die Sohlen sind mit goldgelbem Filz bedeckt.

3. *Agra infuscata.*

Tab. I. Fig. 3.

Agra, capite angusto laevi, thorace elongato punctato, nigro-aenea, elytris aeneo-punctatis apice bidentatis. Long. lin. 9.

Agra infuscata, Klug Verh. d. Leopold. Akad. II. p. 283. n. 2.

Patria: Parà in Brasilia. Misit Sieber. Ex Museo Comit. de Hoffmannsegg.

Agrae rufescenti simillima; differt praesertim colore non rufescenti-sed nigro-aeneo, capite thoraceque angustioribus, antennis brevioribus, elytris apice, vix tamen oblique truncatis, dentibus elytrorum minoribus, tarsis angustioribus.

Caput thorace angustius, laevissimum et nitidissimum, piceo-aeneum, punctulis utrinque binis minutissimis impressis. Labrum palpique ferruginea. Mandibulae ferrugineae, apice nigrae. Antennae capite thoraceque simul sumtis fere longiores, elytris breviores, rufescentes, subpilosae. Thorax elongatus, ad apicem angustatus, dorso punctis impressis, saepius confluentibus, inaequalis, subtus vage punctatus, nigro-aeneus. Scutellum nigro-piceum. Elytra thorace plus duplo longiora, capite duplo fere latiora; medio subangustiora, marginata, apice truncata, bidentata, nigro-aenea, aeneo-punctata, punctis impressis distinctis, in seriebus longitudinalibus novem dispositis. Abdomen fusco-aeneum, nitidum. Pedes picei, tibiis tarsisque dilutioribus rufo-subpilosis, plantis aurato-tomentosis.

Variat antennis nigro-annulatis.

Vaterland: Parà in Brasilien. Länge 9 Linien. Die gegenwärtige Art ist der vorhergehenden nah verwandt, unterscheidet sich jedoch hinreichend theils durch die Farbe, die fast allgemein dunkelschwarz mit ziemlich lebhaftem Metallglanz ist, theils durch die Gestalt, namentlich einen schmaleren Kopf, nicht so breites Rückenschild, kürzere Fühler, nicht so schräg abgeschnittene schwächer gezahnte Deckschilde und schwächere Fufsglieder.

Der Kopf ist nicht so breit als das Rückenschild, sehr glatt und glänzend, fast pechbraun mit rothbraunen Schildchen und Frefsspitzen. Am Rande stehen zu beiden Seiten zwei undeutliche eingestochene Punkte. Die Frefszangen sind braunroth mit schwarzen

zen Spitzen, die Fühler ungefähr so lang als Kopf und Rückenschild zusammengenommen, doch kürzer als die Deckschilde, braunroth und mit Härchen besetzt. Das Rückenschild ist länglich, an der Spitze enger, von der allgemeinen Körperfarbe, oben voll eingedrückter Punkte, die zum Theil in einander laufen. Das Schildchen ist schwärzlich; die Deckschilde sind in Verhältniſs zum Rückenschilde mehr als doppelt so lang, fast noch einmal so breit als der Kopf, vor der Spitze breiter, am Ende ziemlich schräg abgeschnitten und an beiden Seiten gezahnt. Sie haben die Farbe des Rückenschildes und neun deutlich unterschiedene Reihen eingedrückter metallglänzender Punkte. Die untere Seite des Körpers ist braun und metallglänzend. Die Beine sind rothbraun, Schienen und Fuſsglieder heller, röthlich behaart, die Sohlen mit goldgelbem Filz bedeckt.

Zuweilen sind die Fühlerglieder an der Spitze dunkelschwarzbraun.

4. *Agra aterrima.*

Tab. I. Fig. 4.

Agra capite angustissimo laevi, thorace valde angustato punctato, elytris punctato-striatis apice acute bidentatis tota nigerrima. Long. lin. 7.

Agra aterrima Klug Verh. d. Leop. Akad. II. p. 284. n. 3.

Patria: Bahia. Misit Sello.

Angusta, nitida. Caput elongatum, laevissimum, labro palpisque concoloribus. Mandibulae nigro-piceae. Antennae elytris breviores, nigrae, subpilosae. Thorax vix capite latior, elongatus, ad apicem coarctatus, dorso profunde, sed irregulariter, impresso-punctatus. Scutellum concolor. Elytra thorace plus duplo longiora, angusta, subaequalia, marginata, apice oblique truncata, bidentata, dentibus, interno praesertim, productis, acutis; supra punctata, punctis profunde impressis, irregularibus vixque in seriebus distinctis dispositis. Venter sparsim pilosus. Pedes concolores, tibiis tarsisque nigro-subpilosis. Plantae cinereo-tomentosae.

Von Bahia in Brasilien. Sieben Linien lang. Schmal gebaut, tiefschwarz und glänzend. Der Kopf ist lang und schmal mit dunkelpechbraunen Freſszangen. Die Fühler sind kürzer als die Deckschilde, schwarz und behaart, vor der Spitze verengt. Das längliche Rückenschild erscheint kaum breiter als der Kopf. Auf der oberen Seite ist es ziemlich tief unregelmäſsig, doch unzusammenhängend punktirt. Das Schildchen ist, wie gewöhnlich nur klein. Die Deckschilde sind noch einmal so lang als das Rückenschild, schmal, überall so ziemlich von gleicher Breite, deutlich gerandet, an der Spitze schräg abgeschnitten, beide Endwinkel in einen scharfen Zahn vorgezogen; die Fläche ist mit grubenförmig eingedrückten Punkten besetzt, die ziemlich unregelmäſsig gestellt sind. Der Bauch ist theilweise behaart. Die Beine sind schwarz, Schienen und Fuſsglieder schwarz behaart, Die Sohlen mit weiſslichgrauem Filz bedeckt.

5. *Agra variolosa.*

Tab. I. Fig. 5.

Agra fusco-aenea, pilosa, capite ovato, basi excavato, thorace elongato, punctato, elytris punctato-striatis, plicato-rugosis, apice truncatis bidentatis. Long. lin. 5.

Agra variolosa. Klug Verh. d. Leop Akad. II. p. 285. n. 4.

Patria: Bahia. Misit Sello.

Praecedentibus brevior. Caput vix productum, thorace haud angustius, laeve, nigro-piceum, labro, palpis mandibulisque ferrugineis. Antennae elytris fere longiores, ferrugineae, pilosae. Thorax capite vix duplo longior, fusco-aeneus, supra profunde, sed irregulariter, punctatus, punctis partim confluentibus, subtus punctatus, dorso lateribusque cano-pilosus. Scutellum laeve. Elytra fusco-aenea, marginata, apice truncata, acute dentata, cano-pilosa, foveolata et punctata; foveolis irregularibus, obiter impressis, oblique transversis cohaerentibus, punctis in seriebus novem longitudinalibus dispositis. Venter nigro-piceus. Pedes pilosi, picei, femoribus nigro-piceis, plantis cinereo-tomentosis.

Von Bahia in Brasilien. Länge 5 Linien. Im Verhältnifs kürzer als die vorhergehenden Arten. Dunkel Metallfarben. Der Kopf nicht so lang, sondern mehr eiförmig, dunkel pechbraun, glänzend, am Hinterkopf eine deutlich eingedrückte Grube. Lefze, Frefsspitzen, Frefszangen, sind rothbraun, die Fühler roth, fast länger als die Deckschilde und ziemlich dicht behaart. Das Rückenschild ist kaum noch einmal so lang als der Kopf, oben voll eingedrückter, unregelmäfsig stehender Punkte, überall, doch dichter zu beiden Seiten, mit feinen weifsgrauen Haaren besetzt. Die untere Fläche ist unbehaart, aber dicht punktirt. Das Schildchen ist glatt. Die an der Spitze gerade abgestuzten, zwei gezahnten Deckschilde bieten die gewöhnlichen Verhältnisse der Länge und Breite zu Kopf und Rückenschilde dar.

Sie sind reihenweis und ziemlich regelmäfsig punktirt, doch sind die Punktreihen durch wellenförmig schräg eingedrückte Vertiefungen überall unterbrochen. Auch ist die Fläche mehr als bei den andern Arten mit einzeln stehenden, ziemlich langen, weifslich grauen Haaren besetzt. Der Unterleib ist dunkel pechbraun. Dieselbe Farbe haben die Beine. Sie sind ebenfalls behaart, Schienen und Fufsglieder heller gefärbt und die Sohlen mit einem grauen, schwach goldglänzenden Filz bedeckt.

6. *Agra excavata.*

Tab. I. Fig. 6.

Agra nigro-aenea, capite ovato, basi excavato, thorace elongato, punctato, elytris punctato-striatis, apicibus truncatis bidentatis. Long. lin. 5.

Agra excavata, Klug Verh. d. Leop. Akad. II. p. 285. n. 5.

Patria Parà. Misit Sieber: ex Museo Com. de Hoffmannsegg.

Similis Agrae variolosae. Caput ovatum, laeve, nitidum, nigro-piceum, labro, mandibulis palpisque piceis, vertice foveola media orbiculari impressa. Antennae longitudine elytrorum, piceae, pilosae. Thorax vix capite latior, modice elongatus, sulcis lateralibus punctisque impressis, saepius confluentibus, inaequalis, nigro-subaeneus. Scutellum nigrum. Elytra thorace duplo fere latiora, duploque longiora, marginata, apice truncata, bidentata, nigro-aenea, punctato-striata, punctis confertis, distinctis, in seriebus novem, versus elytrorum apices per paria junctis, dispositis. Venter nigro-piceus. Pedes picei, plantis cinerascentibus tomentosis.

Von Parà in Brasilien und fünf Linien lang. In der Gestalt der vorhergehenden Art sehr ähnlich, doch nicht wie jene behaart. Dunkel metallfarben. Der Kopf eirund, glatt und glänzend, dunkel pechbraun mit etwas heller gefärbten Lefze, Freſsspitzen und Zangen. Am Hinterkopf eine eingedrückte Grube. Die Fühler eben so lang als die Deckschilde, braun und mit Haaren besetzt. Das Halsschild im Verhältniſs zum Kopf von geringer Länge, ist dunkel, fast schwarz mit schwachem Metallglanz und dicht voll eingedrückter Punkte, die besonders an den Seiten in Furchen zusammenlaufen. Das Rükkenschildchen ist dunkelschwarz. Die Deckschilde fast noch einmal so breit und etwa noch einmal so lang als der Halsschild, sind an der Spitze ziemlich gerade abgeschnitten, zweizahnig, metallglänzend. Die eingedrückten Punkte stehen regelmäſsiger und dichter in Reihen geordnet, die mittleren Reihen sind da wo sie die Spitzen der Deckschilde erreichen, paarweise verbunden. Der Unterleib ist dunkel pechbraun. Die Beine sind braun, die Sohlen mit grauem Filz bedeckt.

7. *Agra immersa.*

Tab. I. Fig. 7.

Agra capite excavato laevi, thorace elongato, punctato, nigro-aenea, subpilosa, elytris cupreis punctato-striatis apice truncatis bidentatis. Longit. lin. 4.

Agra immersa, Klug Verh. d. Leopold. Akad. II. p. 286. n. 6.

Patria: Parà. Misit Sieber; ex Museo Comit. de Hoffmannsegg.

Similis Agrae excavatae; differt imprimis capite thoraceque angustioribus subpilosis, antennis longioribusl, elytris discoloribus.

Caput ovatum nigro-piceum, nitidum, occipite foveola media. Os piceum. Antennae elytris longiores, piceae, pilosae. Thorax angustatus, punctis confluentibus inaequalis, lateribus subpilosis, dorso lineola media; subtus confertim et distincte punctatus. Scutellum laeve, concolor. Elytra thorace duplo fere latiora, vix duplo longiora, marginata, apice truncata, obtuse bidentata, viridi-aeneo medio cupreo-micantia, passim pilifera, punctato-striata, striis intermediis per paria junctis, sparsim foveolata, foveolis in striis ipsis positis, interstitiis laevissimis. Venter nigro-piceus. Pedes sparsim pilosi, picei, tibiis tarsisque dilutioribus, plantis cinerascentibus.

Von Parà. Länge 4 Linien. Ganz andere Körperverhältnisse, wie bei der vorhergehenden Art, der sie beim ersten Anblick ähnlich erscheint. Der Kopf ist eiförmig, dunkel pechbraun, glatt und glänzend mit heller gefärbten Mundtheilen und einer Grubenförmigen Vertiefung am Hinterhaupt. Die Fühler sind im Verhältnifs länger als bei den vorhergehenden Arten und länger als die Deckschilde, braun und behaart. Der Halsschild ist nur schmal, dunkel und beinah schwarz mit schwachem Metallglanz, auf der obern Fläche und an den Seiten leicht behaart. In der Mitte ist oben eine schwach eingedrückte Linie, neben derselben stehen tief eingedrückte Punkte, nach den Seiten hin in Reihen geordnet. Unten ist der Halsschild dicht und deutlich punktirt. Das Rückenschildchen ist glatt. Die Deckschilde fast noch einmal so breit, doch weniger als noch einmal so lang als der Halsschild sind lebhaft grünlich, in der Mitte kupferroth glänzend, sehr regelmäfsig punktirt-gestreift, doch finden sich in den Punktreihen selbst hin und wieder kleine grubenförmige Vertiefungen. Die mittleren Punktreihen sind wie bei der vorhergehenden Art paarweis verbunden. An der Spitze sind die Deckschilde gerade abgeschnitten, und jederseits mit einem Zahn versehen. Unterleib und Beine sind pechbraun, einzeln behaart, die Schienen und Fufsglieder etwas heller gefärbt und die Sohlen mit einem grauen Filz bedeckt.

8. *Agra chalcoptera.*

Tab. I. Fig. 8.

Agra capite basi excavato, nigro, thorace elongato, punctato, nigro-aeneo, subpiloso, elytris viridi-aeneis punctato-striatis, passim excavatis, apice truncatis subbidentatis. Long. lin. 5½.

Agra chalcoptera, Klug Verh. d. Leopold. Akad. II. p. 287. n. 7.

Patria: Parà. Ex Museo Comit. de Hoffmannsegg. Misit Sieber.

Simillima Agrae immersae; differt statura magis elongata et elytrorum sculptura. Caput ovatum, thorace vix angustius, laevissimum, nigrum, occipite impresso, labri apice, mandibulis palpisque piceis. Antennae elytris multo longiores, pilosae, rufescentes, articulis baseos obscurioribus. Thorax lineola longitudinali divisus, subpilosus, dorso punctis magnis impressis, passim confluentibus, inaequalis, subtus subtilius et confertius distincte punctatus, totus nigro-aeneus. Scutellum nigrum. Elytra thorace duplo fere latiora, vix tamen duplo longiora, marginata, apice truncata, obtusa, bidentata, viridi-aenea, micantia, passim pilosa, striata et foveolata; striis novem e punctis distinctis confertis, per paria versus apicem, ut in antedecentibus, junctis; foveolis transversis, leviter impressis, striis et interstitiis passim immixtis. Venter piceus. Pectus medio pubescens. Pedes picei, subpilosi, tibiis tarsisque dilutioribus rufescentibus, plantis tomentosis subauratis.

Von Parà in Brasilien. Länge 5½ Linien. Aehnlich der A. immersa. Der Kopf eirund, glänzend schwarz, eine eingedrückte Grube am Hinterkopf. Rand der Lefze, Freſszangen und Freſsspitzen sind pechbraun, die Fühler länger als die Deckschilde, röthlich mit dunkleren Wurzelgliedern, sind ziemlich behaart. Der verlängerte Halsschild, durch eine leichte Längsfurche getheilt, ist schwärzlich erzfarben, leicht behaart, oben grob punktirt, die Punkte ineinanderlaufend, unten regelmäſsiger punktirt; das Rückenschildchen ist klein, fast schwarz. Die Deckschilde grün erzfarben, glänzend, sind fast noch einmal so breit als der Halsschild, an der Spitze abgestutzt und zweimal gezahnt. Sie haben neun deutliche Reihen aus eingedrückten Punkten, die zum Theil an der Spitze paarweis vereinigt sind. Hin und wieder sind sie in die Queer etwas eingedrückt und stehen dergleichen grubenförmige Vertiefungen sowohl in den Punktreihen als den Zwischenräumen. Brust, Hinterleib und Beine sind pechbraun, Schienen und Fuſsglieder hell röthlich, die Sohlen mit hell goldglänzendem Filz bedeckt.

9. *Agra brevicollis.*

Tab. I. Fig. 9.

Agra capite angustato, basi excavato, thorace elongato punctato, nigro-aenea, elytris punctato-striatis, apice bidentatis cupreis. Long. lin. 5½.

Agra brevicollis, Klug Verh. d. Leop. Akad. II. p. 288. n. 8.

Patria; Parà. Ex Mus. Comit. de Hoffmannsegg. Misit Sieber.

Affinis Agrae immersae; differt praesertim capite angustiori, thorace crassiori pilis destituto, elytris apice pone dentem exteriorem subsinuatis. Subdepressa. Caput vix thorace brevius, porrectum, laevissimum, nigrum, mandibulis apice piceis, occipite foveola impressa, antennis piceis, articulis tribus prioribus nigris, reliquis apice obscurioribus. Thorax supra lineola longitudinali media impressa divisus punctisque, saepius confluentibus, inaequalis, subtus distinctius punctatus, nigro subaeneus. Scutellum nigrum. Elytra thorace duplo longiora vix tamen duplo latiora, marginata, striata, striis novem e punctis confertis, eodem modo, ut in praecedentibus, iunctis; margo elytrorum externus violaceo-subaeneus, apex truncatus, dentatus, dente externo acuto distincto, interno obtuso. Venter nigro-violaceus, medio per totam longitudinem cinereo-tomentosus. Pectus subhirtum. Pedes nigro-violacei, ungulis piceis, plantis cinereo-tomentosis.

Von Parà. Fünf und eine halbe Linie lang. Der A. immersa ähnlich, doch schon durch einen schlankeren Kopf und kürzeren unbehaarten Halsschild unterschieden. Die Gestalt ist flach, die Farbe mit Ausnahme der Deckschilde dunkel erzfarben, fast schwarz mit einem bläulichen Glanz. Der Kopf ist glatt mit einem Eindruck am Hinterkopf. Die Freſszangen haben braune Spitzen. Die Fühler sind nur unvollständig, nemlich nicht mehr als sechs Glieder, vorhanden, von diesen sind die ersten drei schwarz, die folgenden braun mit dunkleren Spitzen. Den Rücken des Halsschildes theilt eine leicht eingedrückte Längslinie. Auſserdem ist dieser Theil voll eingedrückter Punkte, die auf der untern Seite regelmäſsiger gestellt sind, auf der obern hingegen mehr in einander laufen. Brust und Bauch sind in der Mitte mit einem gelblichgrauen ziemlich dichten Haarfilz bedeckt. Das Rückenschildchen hat die Farbe des Halsschildes. Die Deckschilde schillern in verschiedenen Richtungen bald mit rothem Kupfer- bald mit grünem Messingglanz, sind sehr glatt und mit regelmäſsigen, gegen die Spitze hin paarweis verbundenen Punktreihen geziert. Die Spitzen sind gerade abgeschnitten und an dem äuſseren wie dem inneren Winkel gezahnt. Der äuſsere Zahn tritt um so deutlicher hervor, als vor demselben eine leichte Einbiegung, wodurch nach innen zu ein abermaliges, doch schwaches Hervortreten entsteht, bemerklich ist. Der innere Zahn ist unmerklich vorragend und nur durch das Zusammentreffen der beiden Ränder in einem rechten Winkel gebildet. Die Beine sind wie der Körper gefärbt, die Sohlen mit blaſsgrauem Filz bedeckt, die Klauen braun.

10. *Agra attenuata.*

Tab. II. Fig. 1.

Agra capite postice punctato thoraceque nigris, elytris punctato-striatis apice bidentatis cupreis. Long. lin. 6.

Habitat in Brasilia. Dedit Beacke.

Corpus valde angustum. Caput nigrum, nitidum, occipite punctis plurimis impressis. Mandibulae apice piceae. Antennae vix thorace longiores subpilosae, fuscae, primo articulo piceo. Thorax vix capite latior, subcylindricus, ubique punctatus, utrinque sulcatus, totus niger, opacus. Scutellum minimum nigrum. Elytra cuprea thorace plus duplo longiora, punctato-striata, punctis passim confluentibus, apice truncata, bidentata, dente externo producto acuto, interno obtuso. Pectus abdomenque nigra nitida. Pedes graciles nigro-picei, tarsis pallidioribus rufescenti-subpilosis, plantis tomento aureo tectis.

Aus Brasilien. Sechs Linien lang. Sehr schmal. Grundfarbe schwarz. Der Kopf glänzend. Der Hinterkopf deutlich punktirt. Die Freſszangen mit bräunlichen Spitzen. Die Fühler nicht viel länger als das Rückenschild, wenig behaart, schwärzlich, mit braunem Grundgelenk. Das Rückenschild nicht breiter als der Kopf, überall dicht punktirt, mattschwarz, zu jeder Seite eine Längsfurche. Das Schildchen sehr klein. Die Deckschilde viel länger als das Rückenschild, und mehr als noch einmal so lang, kupferroth, mit deutlichen Punktstreifen, die Punkte hin und wieder verlaufend, an der Spitze abgeschnitten zweigezahnt, der äuſsere Zahn spitzig, der innere stumpf und gerundet. Untere Seite schwarz und glänzend. Die Beine dünn, glänzend braunschwarz, die Fuſsglieder hellbräunlich mit röthlichen Härchen sparsam besetzt, die Sohlen mit goldfarbigem Filz bedeckt.

11. *Agra gemmata.*

Tab. II. Fig. 2.

Agra capite angusto laevi, thorace excavato punctato pedibusque rufescentibus, elytris rufo-testaceis, aeneo-punctatis, nigro-submaculatis, apice bidentatis. Long. lin. $7\frac{1}{2}$.

Habitat in Brasilia. Misit Dr. de Olfers.

Corpus subelongatum rufum. Caput nitidissimum, glaberrimum, antennis concoloribus, palpis mandibulisque apice obscurioribus, oculis nigris. Thorax subconicus, dorso aeneo nitidulus, sparsim excavato-punctatus. Elytra thorace duplo longiora, nitida, rufo-testacea, excavato-punctata, nigro-maculata, punctis, maculis nigricantibus intermixtis in seriebus novem dispositis. Apex elytrorum truncatus, bidentatus, dentibus brevibus, externo acuto, interno rotundato, obtuso. Pectus abdomenque rufescentia, aeneo submicantia glaberrima, medio rufo-subpilosa. Pedes rufi; plantae subauratae.

Aus Brasilien. Länge $7\frac{1}{2}$ Linien. Im Verhältnifs lang gestreckt, von Farbe bräunlich roth und glänzend. Der Kopf sehr glatt, Palpen und Mandibeln an der Spitze dunkler, die Augen schwarz. Das Rückenschild beinah kegelförmig, dunkel metallglänzend, voll eingedrückter einzeln stehender Punkte, die unten schwächere, oben stärkere und gröfsere Vertiefungen bilden. Das Schildchen sehr klein. Die Deckschilde noch einmal so lang als das Rückenschild, blafs gelbbräunlich, glatt und glänzend, an der Spitze schräg abgeschnitten, die Winkel in kurze Zähnchen auslaufend, deren äufserer scharf, der innere stumpf und gerundet ist. Die Oberfläche zieren neun Reihen punktförmiger Grübchen, die in der Tiefe hellgrünlich wie Metall glänzen und zwischen sich strichförmige schwarze Flecken haben. Die Unterseite des Körpers ist etwas heller gefärbt. Der Bauch ist in der Mitte roth behaart. Die Beine sind wie der Kopf, doch heller, gefärbt, die Sohlen mit einem goldfarbigen Filz bedeckt.

12. *Agra catenulata.*

Tab. II. Fig. 3.

Agra rufa, cupreo-nitida, capite laevi, thorace punctato-rugoso, elytris excavato-punctatis, unidentatis. Long. lin. $5\frac{1}{4}$.

Habitat in Brasilia. Misit Sello.

Affinis praecedenti, at minor et angustior. Caput laeve, ferrugineum, nitidum. Antennae thorace longiores, rufescentes, articulis apice obscurioribus. Mandibulae ferrugineae. Palpi ferruginei, maxillares majores articulo ultimo subfusco. Thorax conicus, ferrugineus, subcupreus, dorso punctis irregulariter impressis, saepius confluentibus inaequalis. Scutellum minimum. Elytra thorace duplo longiora, angulo postico externo unidentato, interno rotundato, rufa s. rufo-testacea, cupreo-nitida, foveolata, foveolis in series dispositis punctatis, punctis impressis approximatis aeneo-subviridibus. Pectus abdomenque ferruginea, aeneo-nitida. Pedes ferruginei.

Vaterland: Brasilien. Länge $5\frac{1}{4}$ Linien. Nicht nur kleiner, sondern im Verhältnifs auch schmaler, als die vorbeschriebene Art. Die Farbe dunkel braunroth mit lebhaftem Kupferglanz. Der Kopf glatt und glänzend, die Fühler mäfsig lang, heller gefärbt als der Kopf, nur die Spitzen der Glieder dunkler. Die

Frefsspitzen braun. Das letzte Glied der Kinnladentaster fast schwarz. Das Rückenschild ziemlich kurz, kegelförmig, ungleich durch stark eingedrückte hin und wieder zusammenlaufende Punkte. Das Schildchen sehr klein. Die Deckschilde noch einmal so lang als das Rückenschild, sehr glänzend mit purpurfarbenem Schein, voller Gruben, die grünlich glänzend, in der Tiefe punktirt und in Längsreihen geordnet sind, wogegen die glatte und erhabene Umgegend als kettenähnliche Bildung in schräger Richtung dem Innenrande zu und bis nahe an denselben abwärts steigt. Die Nath ist hell gelbbräunlich. An der Spitze sind die Deckschilde ziemlich gerade abgeschnitten, am innern Winkel gerundet, am äufsern in eine kurze doch scharfe Spitze auslaufend. Brust und Bauch sind rothbraun, mit erzfarbnem Schimmer, der Bauch etwas heller gefärbt. Die Beine haben die nämliche Färbung.

13. *Agra geniculata.*

Tab. II. Fig. 4.

Agra fusco-nigra, capite angusto laevi, thorace elongato punctato, elytris excavato-punctatis apice subtridentatis; pedibus luteis, femoribus apice fuscis. Long. lin. 6½.

Agra geniculata. Klug Verh. d. Leop. Akad. II. p. 288. n. 9.

Patria: Parà. Ex Museo Comit. de Hoffmannsegg. Misit Sieber.

Elongata, subdepressa. Caput laeve, nigrum, labro, mandibulis palpisque piceis. Antennae longitudine fere elytrorum, pilosae, piceae, articulis baseos obscurioribus. Thorax elongatus, niger, impresso-punctatus, punctis in dorso majoribus, ad latera confluentibus, subtus perpaucis. Scutellum concolor. Elytra thorace duplo fere latiora, duplo longiora, nigra, punctata, punctis magnis aeneis impressis in seriebus longitudinalibus novem dispositis, apice truncata, tridentata, dente externo brevi acuto, reliquis obtusis. Venter nigro-subaeneus, lateribus piceis. Pedes lutei, femoribus apice fuscis, tibiis apice tarsisque piceis. Coxae nigro-piceae.

Von Parà. Länge 6½ Linien. Grundfarbe dunkel braunschwarz mit schwachem Metallglanz. Kopf sehr verlängert, glatt. Am Hinterkopf keine Grube. Lefze, Frefszangen und Frefsspitzen pechbraun. Fühler so lang als die Decken, behaart, rothbraun, die ersten Glieder dunkler. Rückenschild lang gestreckt, voll tief eingedrückter Punkte, die an den Seiten in einander fliefsen und unterhalb seltner werden. Deckschilde ungefähr noch einmal so breit und noch einmal so lang als das Rückenschild, vor der Spitze breiter, an der Spitze abgestuzt und mit drei Zähnchen bewaffnet, von welchen jedoch nur der äufsere spitzig ist, der vorhergehende aber so wie der innere kaum merklich hervortreten. Die Punkte auf den Deckschilden sind in Reihen geordnet, tief eingedrückt, mit bläulichem Metallglanz. Die untere Fläche ist nicht anders gefärbt. Die Beine sind rothgelb, die Schenkel im Kniegelenke schwarz, die Spitzen der Schienen und die Fufsglieder bräunlich.

14. *Agra rufipes.*

Tab. II. Fig. 5.

Agra thorace varioloso, elytris punctato-striatis apice tridentatis, fusca; antennis pedibusque rufis. Long. lin. 6½.

Agra rufipes Fabr. Syst. Eleut. p. 225. n. 2. Schönherr Synonymia Insect. I. 1. p. 236. No. 42. 2.

Habitat in America meridionali; Mus. Reg. Havn. ex Museo Lundii.

Caput laeve, labro mandibulis palpisque rufo-piceis. Antennae elytris breviores, rufae. Thorax brevis dorso punctato-rugosus, subtus sparsim punctatus. Scutellum parvum. Elytra thorace duplo longiora, punctato-striata, sparsim impresso-punctata, apice truncata, tridentata, dente intermedio obtuso, externo et interno productis acutis. Pectus et abdomen aeneo-micantia. Pedes rufi, femoribus apice nigris. Plantae tomento pallide-aureo tectae.

Die Beschreibung ist nach einem Exemplar aus der ehemaligen Lund'schen Sammlung. Das Vaterland: Südamerika. Die Länge 6½ Linien. Von der vorhergehenden Art ist diese hinreichend verschieden. Die Grundfarbe dunkelbraun. Der Kopf verlängert, glatt und ohne Grube. Lefze, Freſszangen und Freſsspitzen röthlich pechbraun. Fühler kürzer als das Rückenschild, ganz braunroth. Der Rückenschild im Verhältniſs viel kürzer als bei der vorhergehenden Art, oben unregelmäſsig und stark, unten feiner, einzelner und regelmäſsiger punktirt. Schildchen sehr klein. Deckschilde noch einmal so lang als das Rükkenschild, an der Spitze abgestutzt und dreigezahnt. Der inwendige und äuſsere Zahn sind ansehnlich verlängert und spitzig, der mittlere sehr stumpf. Auf den Deckenschilden sieht man regelmäſsige Reihen aus fein eingedrückten Punkten, und hin und wieder flach grubenförmig eingedrückte Punkte. Brust und Unterleib haben einen bläulichen Metallschimmer. Die Beine sind rothgelb, die Schenkel

an

an den Spitzen schwarz, die Sohlen mit hell goldfarbenem Filz bedeckt.

15. *Agra ruficornis.*

Tab. II. Fig. 6.

Agra capite angustato laevi, thorace elongato rugoso-punctato, elytris punctato-striatis apice truncatis subtridentatis, nigro-aenea, ore, antennis pedibusque rufo-piceis. Long. lin. 6½.

Agra ruficornis Klug Verh. d. Leop. Akad. II. p. 289. n. 10.

Patria: Parà. Misit Sieber. Ex Museo Comit. de Hoffmannsegg.

Valde attenuata, omnium facile angustissima. Caput perangustum, valde elongatum, in rostrum quasi productum, laevissimum, nitidissimum, piceonigrum, clypeo, labro, mandibulis palpisque rufopiceis. Antennae elytris breviores, rufo-piceae, subpilosae. Thorax elongatus, nigro-aeneus, dorso sulculo longitudinali divisus, profunde et irregulariter punctatus, subtus glaber, nitidus. Scutellum concolor. Elytra thorace latiora, duplo fere longiora, marginata, punctata, punctis magnis, profunde impressis, violaceo-aeneis in seriebus longitudinalibus novem dispositis, apice truncata, dentata, dentibus tribus, externo acuto, secundo approximato obtuso, interno obtusissimo. Venter nigro-piceus, violaceomicans, glaberrimus, nitidus. Pedes unicolores rufo-picei, tibiis tarsisque subpilosis, tarsorum articulo quarto subtus albido-sericeo.

Vaterland: Parà. Länge: 6½ Linien. Im Verhältnifs sehr schmal. Grundfarbe dunkelbraunschwarz mit schwachem Metallglanz. Der Kopf schmal, fast linienförmig verlängert, glatt und glänzend. Schildchen, Lefzen, Freſszangen und Freſsspitzen sind rothbraun, die Fühler etwas kürzer als die Deckschilde, braunroth mit Härchen besetzt. Das Rükkenschild ist verlängert, in der Mitte der Länge nach schwach gefurcht, oben tief und unregelmäſsig punktirt, unten glatt. Das Schildchen trägt die Farbe des übrigen Körpers. Die Deckschilde sind etwas breiter und fast noch einmal so lang als das Rückenschild, gerandet und punktirt. Die Punkte sind groſs, tief eingestochen, mit bläulichem Erzschimmer, ziemlich regelmäſsig in neun Reihen auf jedem Schilde vertheilt. Die Spitzen der Decken sind gerade abgestutzt und mit drei Zähnen bewaffnet, von welchen der äuſsere schmaler und hervorstehend, der mittlere diesem nahe stehend und stumpf, der innere kaum wahrzunehmen ist. Die untere Seite ist hochbraun mit ziemlich lebhaftem ins Blaue fallenden Metallglanz. Die Beine sind einfarbig braunroth. Die untere Seite des vierten Fuſsgliedes ist mit einem weiſslichen Filz bekleidet.

16. *Agra attelaboides.*

Tab. II. Fig. 7.

Agra capite postice foveolato, thorace punctato-rugoso, elytris punctato-striatis, transversim subplicatis, apice acute tridentatis, fusco nigra, antennis pedibusque rufo-piceis. Long. lin. 7.

Agra attelaboides Fabricii Syst. Eleuth. I. p. 225. n. 3. Schönherr Synon. Ins. I. 1. p. 236. Nr. 42. 3. Klug Verh. d. Leop. Akad. II. p. 293. n. 16.

Cicindela attelaboides Fabr. entom. Syst. emend. IV. p. 443. n. 2—3.

Habitat in India orientali. Mus. Reg. ex Museo D. Salingre.

Caput elongatum, glabrum occipite foveola parva sublineari. Labrum mandibulaeque picea. Palpi rufo-picei. Antennae passim pilosae, rufo-piceae. Tkorax capite haud duplo longior ad apicem attenuatus aeneo-nitidulus, dorso linea longitudinali impressa divisus, impresso-punctatus, punctis ad latera confertioribus et confluentibus. Scutellum parvum concolor. Elytra thorace duplo longiora, aeneomicantia, dorso punctato-striata, apice tridentata, dente interno acutissimo; striae elytrorum plicaturis transversis foveolisque longitudinalibus saepius interruptae. Abdomen nigro-violaceum. Venter medio cinereo-pilosus. Pedes rufo-picei, anteriores capitulis, postici coxis una cum fulcro femorali nigro-aeneis. Plantae tomento griseo subinaurato tectae.

Vaterland: angeblich Ostindien. Länge: sieben Linien. In der Gestalt nichts Abweichendes. Farbe dunkelbraun, fast schwarz mit schwach röthlichem Metallschimmer. Der Kopf nicht besonders verlängert. Am Hinterhaupt ein schwacher linienförmiger Eindruck. Lefze, Kinnbacken, Freſsspitzen und Fühler braunroth. Das Rückenschild im Verhältniſs weniger lang als bei den mehresten anderen Arten, nicht viel länger als der Kopf, wenigstens bei weitem nicht noch einmal so lang, wird nach dem Kopf hin deutlich schmaler, ist oben reihenweis unordentlich punktirt, in der Mitte durch eine eingedrückte feine Längslinie getheilt, unten fein und dicht punktirt. Das Schildchen ist nicht anders gefärbt. Die Deckschilde etwa noch einmal so lang als das Rükkenschild, sind reihenweis punktirt, die Punktreihen theils durch kleine Queerfalten, theils durch längliche Grübchen oft unterbrochen. Die drei Zähne an den schräg abgeschnittenen Spitzen der Deckschilde sind besonders deutlich, und namentlich ist der innere Zahn lang und scharf vorgezogen. Brust und Bauch haben einen dunkelbläulichen Glanz, die Mitte ist mit einem leichten graubräunlichen Haarfilz bedeckt. Die Beine sind braunroth, die Hüftglieder und die Schenkelanhänge der hintersten Beine schwarz, die Sohlen mit einem gelblich grauen Filz von sehr mattem Goldschimmer bedeckt.

Da alle übrigen Agra-Arten im südlichen Amerika einheimisch sind, so ist es nicht wahrscheinlich, dafs die gegenwärtige aus Ostindien stammt, und kann der Angabe des Vaterlandes leicht ein Irrthum zum Grunde liegen. Das Exemplar, in dessen Besitz unser Museum ist, befand sich früher in der Holthuysenschen Sammlung.

17. *Agra femorata.*

Tab. II. Fig. 8.

Agra nigro-aenea, capite ovato laevi, thorace elongato punctato-rugoso, elytris punctato-striatis, apice truncatis tridentatis, femoribus incrassatis. Long. lin. 7.

Agra femorata Klug Verh. der Leopold. Akad. II. p. 290. n. 11.

Patria Parà. Misit Sieber. Ex Museo Comit. de Hoffmannsegg.

Corpus elongatum, aterrimum, aeneo-violaceo-punctatum. Caput angustatum, porrectum, laeve, nitidissimum, nigro-subpiceum, clypei apice, labro, mandibulis palpisque piceis. Antennae elytrorum fere longitudine, piceae, subpilosae. Thorax elongatus, aterrimus, nitidus, subtus fere impunctatus, dorso lineola longitudinali media, punctisque ad latera in sulcos profundos confluentibus inaequalis. Scutellum glabrum. Elytra thorace vix duplo longiora, paullo latiora, marginata, apice truncata, distincte tridentata, punctata, punctis violaceo-aeneis profunde impressis, distantibus, in seriebus novem longitudinalibus positis. Venter glaberrimus, nigro-piceus, violaceo-aeneo-nitidus. Pedes nigro-picei, aeneo-nitidi, tarsis piceis, femoribus insigniter incrassatis, tibiis tarsisque rufescentibus densius ciliatis, plantis cinereo-micantibus.

Von Parà. Sieben Linien lang. Dunkelschwarz mit schwachem Metallglanz. Der Kopf sehr schmal, glatt und glänzend, ohne Eindruck, Kopfschild, Lefze und Freſszangen sammt Freſsspitzen pechbraun. Die Fühler kürzer als die Deckschilde sind pechbraun, fein behaart, die Glieder an der Spitze dunkler. Das Rückenschild ist im Verhältniſs lang, oben der Länge nach punktirt, unten glatt und glänzend, die Punkte als Gruben in der Mitte einzeln stehend, in der nächsten Reihe zum Theil zusammengeflossen. Das Schildchen klein und länglich. Die Deckschilde nicht ganz noch einmal so lang als das Rückenschild, ziemlich breit mit aufgeworfenem Seitenrande, sind an der Spitze fast gerade abgestutzt und deutlich dreigezahnt; der mittlere Zahn ist dem äuſsern genähert. Auf ihren Flächen sind die Deckschilde in regelmäſsigen Reihen stark und tief punktirt, die Punkte mit dunkel blaugrünlichem Metallglanz. Der Bauch ist glatt, pechschwarz, metallschillernd. Die Beine eben so gefärbt, sehr glatt und glänzend, haben stark verdickte Schenkel, hellere, dicht schwärzlich behaarte Schienen und Fufsglieder, braune Klauenglieder und einen hell bräunlich-grauen Filz an den Sohlen.

18. *Agra exarata.*

Tab. II. Fig. 9.

Agra nigro-aenea, capite ovato, occipite leviter impresso, thorace elongato punctato-rugoso, elytris punctato-striatis apice truncatis tridentatis. Long. lin. 8.

Agra exarata Klug Verh. d. Leop. Akad. II. p. 291. n. 12.

Patria: Parà. Misit Sieber. Ex Museo Comitis de Hoffmannsegg.

Magna, elongata, subdepressa, elytrorum sculptura distinctissima, nitida, nigro-aenea. Caput ovatum, elongatum, postice levissime impressum, nitidissimum, nigrum. Labrum margine piceo. Mandibulae piceae, apice nigrae. Palpi anteriores picei, postici nigro-picei. Antennae elytris breviores, subpilosae, piceae, basi obscuriores, apice rufescentes. Thorax elongatus, subtus passim et leviter, dorso profundius et confertius irregulariter impresso-punctatus, lineolaque media longitudinali impressa divisus. Scutellum glabrum, planum. Elytra thorace plus duplo longiora, marginata, apice truncata, distincte tridentata, dorso plana, nigerrima, aeneo-subcyanea, punctata, punctis impressis plerumque confertissimis partimque confluentibus in seriebus novem distinctis, passim interruptis, dispositis. Venter nigerrimus, aeneo nitidus, sparsim rufo pilosus. Pedes nigro-cyanei, nitidi. Tarsi picei, rufo-ciliati, plantis fulvo-tomentosis.

Variat nigro-picea; elytris virescentibus.

Von Parà. Acht Linien lang. Etwas flach, glänzend dunkelschwarz, die Deckschilde mit bläulichem, der übrige Körper mit düsterem Metallschein. Der Kopf länglich eirund, sehr glänzend. Am Hinterhaupt ein Grübchen. Die Lefze ist am Rande, die Kinnbacken sind an der Wurzel, die vorderen Fresſspitzen überall röthlichbraun. Die Fühler, kürzer als die Deckschilde, sind rothbraun, röthlich behaart, die ersten Glieder dunkler. Das Rückenschild von länglich kegelförmiger Gestalt ist unten überall deutlich, oben theilweis, jedoch stärker punktirt. Die Punkte sind in Längsstreifen zusammengedrängt und durch die Mitte läuft eine fein eingedrückte Linie. Das Rückenschildchen ist glatt. Die Deckschilde sind glatt und glänzend, der Länge nach durchzogen von neun Reihen mehrentheils dicht gestellter eingedrückter Punkte oder Grübchen, hin und wieder durch eine leichte einer kleinen Queerfalte ähnliche Vertiefung unterbrochen. Das Ende der Deckschilde ist schräg abgeschnitten und dreigezahnt. An Brust und Bauch finden sich einzelne röthliche Härchen. Die Beine sind gefärbt und glänzend wie der übrige Körper, die Fuſsglieder pechbraun, röthlich behaart, die Sohlen mit gelbrothem Filz bedeckt.

19. *Agra multiplicata.*

Tab. III. Fig. 1.

Agra nigro-aenea occipite subimpresso, thorace subelongato, punctato, elytris punctato-striatis, apice tridentatis, purpurascentibus. Long. lin. 6¼.

Patria: Parà. Misit Sieber; ex Museo Comit. de Hoffmannsegg.

Statura minori et praesertim thorace breviori, elytris cupreo-nitidulis transversim plicatis pedibusque gracilioribus a praecedentibus differt. Caput attenuatum elongatum nigrum, occipite leviter impresso, labri apice, mandibulis, maxillis palpisque piceis, antennis elytris brevioribus rufo piceis, ubique subhirtis, articulis apice subpilosis, prioribus ante apicem obscurioribus. Thorax capite cum palpis paullo longior, conicus, nigro-aeneus, subtus glaber nitidus, ad latera confertim impresso-punctatus, supra irregulariter foveolatus, foveolis longitudinaliter conglomeratis. Scutellum parvum obscurum. Elytra fusco-subcuprea, punctato-striata, striis passim interruptis, transversim plicata, apice tridentata. Pectus abdomenque nigro-violacea. Pedes nigro-picei, aeneo-nitiduli, coxis ferrugineis, tarsis piceis fulvo-pilosis, plantis fulvo-tomentosis.

Vaterland: Parà. Länge: 6¼ Linien. Im Bau durch einen kürzeren Halsschild und dünnere Beine von den vorhergehenden Arten, vornemlich der A. femorata, der sie im übrigen ähnlich ist, unterschieden. Der Kopf glänzend schwarz, glatt, mit einer leichten Vertiefung am Hinterhaupt. Die Lefze ist am Rande, Kinnbacken, Laden und Palpen sind überall pechbraun. Nur das letzte Glied der Lippentaster ist dunkler. Die Fühler kürzer als die Deckschilde sind röthlich braun, mit kurzen feinen Härchen bedeckt, die Glieder an den Spitzen länger behaart, die ersten vor der Spitze dunkler, das Grundgelenk fast schwarz. Das Rückenschild nur etwas länger als der ausgestreckte Kopf, ist fast kegelförmig, dunkel erzfarben, unten mit blauem Schiller, in der Mitte glatt, an den Seiten aber dicht punktirt, oben voller Gruben, die in vier Längsreihen zusammengedrängt stehen. Das Schildchen ist klein und von dunkler Färbung. Die Deckschilde schwärzlich mit röthlichem oder dunkel kupferfarbigem Glanz, tragen neun Punktreihen, in welchen die Punkte mehrentheils sehr dicht stehen, nur hin und wieder fehlen, so dafs die Reihen unterbrochen erscheinen. Auch finden sich aufserdem, und vornehmlich in den Punktreihen selbst viele seichte Vertiefungen die da, wo sie aufhören, leichte Queerfalten bilden. Am Ende sind die Deckschilde fast gerade abgeschnitten, und mit drei kurzen, doch scharf zugespitzten Zähnchen bewaffnet. Die Unterseite hat am Hinterleibe, wie am Halse, einen dunkelblauen Schein, hier und da einzeln stehende, lange, rostbraune Haare. Die Beine sind dunkel pechbraun, mit schwach bläulichem Metallschein. Die Gelenkköpfe sind rothbraun, die Fufsglieder pechbraun, mit rostfarbenen Haaren, und einem gelbröthlichen, goldglänzenden Filz der Sohlen.

20. *Agra cuprea.*

Tab. III. Fig. 2.

Agra capite postice foveolato, thorace elongato, punctato, violaceo-nigerrima, elytris punctato-striatis apice tridentatis cupreis. Long. lin. 7.

Agra cuprea Klug Verh. der Leop. Akad. II. p. 291. n. 13.

Patria: Parà. Misit Sieber. Mus. Reg. ex Mus. Comit. de Hoffmannsegg.

Caput angustum, porrectum, laeve, nigrum, nitidum, occipite foveola parva sublineari. Mandibulae obscure piceae. Palpi picei, labiales articulo ultimo obscuriori. Antennae elytris breviores, subpilosae, rufescentes, articulis tribus prioribus obscurioribus. Thorax vix capite longior, nigerrimus, subtus nigro-violaceus, punctulatus, dorso lineola longitudinali divisus, sparsim excavato-punctatus. Scutellum nigrum. Elytra thorace plus duplo longiora, viridi-aenea, cupreo-micantia, nitidissima, punctato-striata, apice tridentata, dentibus distinctis, externo acuto, intermedio obtuso, interno in spinam acutissimam producto; margine externo inflexo viridi-cyaneo. Venter violaceo-nigerrimus, passim pilosus. Pedes nigro-picei, femoribus nigro-cyaneis, tarsis rufo-piceis, plantis rufescentibus inauratis hirtis.

Von Parà. Länge 7 Linien. Grundfarbe oben tief schwarz, auf der untern Seite bläulich schwarz und glänzend. Der Kopf ziemlich schmal. Das Grübchen am Hinterhaupt klein und fast linienförmig. Die Kinnbacken dunkel pechbraun, die Freſsspitzen eben so gefärbt, das letzte Glied der Lippentaster jedoch dunkler und fast schwarz. Die Fühler auffallend kürzer als die Deckschilde sind röthlich gefärbt, doch sind die drei ersten Glieder dunkler und fast schwarz. Das Rückenschild ist kürzer als gewöhnlich, unten fein, oben stärker, aber einzeln punktirt. Eine feine Längslinie ist in der Mitte bemerklich. Das Schildchen ist wie das Rückenschild gefärbt. Die Deckschilde sind metallfarben, nach den verschiedenen Richtungen bald grün, bald kupferroth schillernd, auf glattem, glänzendem Grunde regelmäſsig punktirt, die Punkte reihenweis gestellt. Die Spitzen der Deckschilde sind deutlich dreigezahnt, kleiner und stumpfer ist der mittlere, besonders lang und scharfspitzig der inwendige Zahn. Der umgeschlagene Auſsenrand ist blaugrün abgesetzt. Der Bauch ist hin und wieder behaart. Die Schenkel sind blauschwarz, die Schienen bräunlich, die Fuſsglieder röthlich, die Sohlen mit goldfarbenem Filz bedeckt.

Megalopus.

Megalopus.

Megalopus Fabr. (Syst. Eleuth.). Latreille (gen. crust. et ins. Consid. gen., regne animal). Olivier (Entomologie). Kirby (Linn. Transact. XII.). Dalman (Analecta entomol.). Germar (Insect. Spec.). *Clythra* Fabr. (Syst. Eleuth.). Schönherr (Synonymia Insect.).

Fabricius und Latreille Bezeichnungen dieser Gattung, obschon nach wenigen Arten entworfen, scheint im Wesentlichen kaum etwas hinzuzufügen. Der Körper ist jedoch nicht bei allen Arten flach, bei manchen vielmehr gewölbt, im letztern Fall länglich, selbst sehr schmal, im ersteren ziemlich breit.

Der Kopf ist angedrückt, der Hinterkopf wulstig hervorragend. Die Augen sind grofs, gewölbt, ausgerandet; die eilfgliedrigen Fühler jederzeit, wenn auch nicht immer, bedeutend länger als das Rückenschild, bei einigen noch einmal so lang, bald mehr bald weniger an der Spitze verdickt, zuweilen gesägt, bei vielen zusammengedrückt. Die Lefze ist gerundet; die Kinnbacken sind braun, spitzig, inwendig ohne Zahn; die Kinnladen flach, beinah hornartig, an der Spitze schräg, gekämmt und gespalten. Die Lippe ist nur schwach ausgerandet. Die Taster sind behaart, die Kinnladentaster vier- die Lippentaster dreigliedrig. Bei beiden ist das erste Glied sehr kurz, das letzte länglich und zugespitzt. Das zweite Glied der Lippentaster ist länger als die übrigen. Das Rückenschild (thorax) ist fast viereckig, dessen vorderer und hinterer Rand bei einigen stark, bei andern kaum merklich aufgeworfen, bei noch andern findet eine deutliche Einschnürung statt. Die Winkel sind mehr oder weniger vorgezogen. Die Brust ist bei einigen flach oder mäſsig gewölbt, bei andern in der Mitte (sternum) als Höcker hervorragend. Die Beine sind von mäſsiger Länge; vier Fuſsglieder an allen, die beiden ersten herzförmig, das dritte an den vordern Beinen gespalten, an den hintersten schräg abgeschnitten, das Klauenglied, besonders an den hintersten Beinen, lang, die Klauen gekrümmt, einfach, die Afterklauen linienförmig mit borstenähnlichen Härchen an den Spitzen, die Sohlen mit einem Haarfilz bedeckt. Die hintersten Beine, groſsen und breiten länglichrunden Hüftstücken eingefügt, haben mehr oder weniger verdickte Schenkel, die zuweilen vor der Spitze gezahnt sind. Es finden hierin sowohl bei verschiedenen Arten als bei derselben Art Abweichungen statt, und haben im letztern Falle allein die gröſseren Individuen, welche man dem Ansehen nach für Weibchen halten sollte, die verdickten Hinterschenkel. Die Schienen sind zusammengedrückt, oft stark zuweilen nur wenig gekrümmt, im letztern Falle dicht behaart, im ersten auf der obern Fläche gefurcht, d. h. es begränzt die Fläche zu jeder Seite eine erhabene Leiste oder Längslinie. Das Rückenschildchen ist klein und dreieckig. Die Deckschilde sind fast überall gleich breit, die Spitzen abgerundet.

Eine bunte Färbung ist bei Allen wahrzunehmen. Rückenschild und Deckschilde sind gewöhnlich glatt und haben einzeln stehende eingedrückte Punkte.

Zur Unterscheidung der Familien scheint das Sternum der passendste Körpertheil, je nachdem dieses nemlich entweder flach und als eigentlicher Brusthöcker nicht vorhanden ist, oder im Gegentheil als Höcker stark hervortritt. Die Arten bei welchen letzteres wahrzunehmen, bilden die zweite Familie und zeichnen sich gleichzeitig durch den flachen, im Verhältniſs breiteren Körper und kürzere nach der Spitze zusammengedrückte Fühler aus.

Es sind im Folgenden ein und dreiſsig Arten beschrieben, die bis auf eine Afrikanische Art, Bewohner des südlichen Amerika sind. Von diesen sind nur sechs, welche aus der groſsen Copenhagner Sammlung entlehnt worden, nicht in Brasilien einheimisch, letztere aber bis auf den M. egregius Germ. befinden sich im hiesigen Museum. Auſserdem führen noch Olivier (Entomologie VI. p. 920. n. 1. Pl. I. Fig. 1. a. b.) als Megalopus dorsalis und Kirby (im 12ten Bande der Linnean Transactions p. 144. n. 90.) unter der Benennung Megalopus sexmaculatus, jeder eine hier nicht gesehene Art auf, so daſs überhaupt drei und dreiſsig Megalopen jetzt benannt und beschrieben sind.

Erste Familie.

Kein Brusthöcker: Sternum planum.

1. *Megalopus sellatus.*

Megalopus testaceus, coleoptrorum disco, antennis tibiisque nigris. Long. lin. 4½ — 6.

Megalopus sellatus Germar Insect. Species I. p. 524. n. 704.

Patria: Rio Janeiro Brasiliae. Misit Dr. de Olfers.

Caput macula occipitali duplici punctoque utrinque ante antennas nigris. Vertex impressus punctatus, niger. Oculi testacei. Labrum nigrum. Mandibulae apice nigrae. Palpi testacei. Thorax antice posticeque marginatus immaculatus. Pectus abdomenque omnino testacea. Scutellum testaceum. Elytra testacea, dorso punctata late nigra, cano-pilosa. Alae fuscescentes. Femora testacea, postica (non tamen in omnibus) incrassata. Tibiae nigrae, anteriores cano-pilosae, posticae compressae, incurvae. Tarsi nigri subtus cinereo-tomentosi.

Von Rio Janeiro in Brasilien. Länge von 4½ bis 6 Linien. Körper fahlgelb. Am Hinterhaupt dicht an einander zwei schwarze Punkte. Der Scheitel eingedrückt, punktirt, schwarz. Dicht vor der Einlenkung der Fühler jederseits ein schwarzer Punkt. Augen bräunlich. Fühler und Lefze schwarz. Frefszangen mit schwarzen Spitzen. Rückenschild vorn und hinten mit aufgeworfenem Rande, so wie das Schildchen ungefleckt. Brust und Hinterleib einfarbig blafsgelb. Deckschilde blafsgelb, in der Mitte schwarz, punktirt, durch feine dicht anliegende Härchen grauschillernd. Flügel schwärzlich. Schenkel blafsgelb, oft (ob allein bei den gröfseren Weibchen?) ansehnlich verdickt, Schienen und Fufsglieder schwarz, die hintersten Schienen gekrümmt und zusammengedrückt.

2. *Megalopus discoideus.*

Tab. III. Fig. 5.

Megalopus testaceus, caleoptris dorso viridi-coeruleis. Long. lin, 4½ — 5.

Patria Brasilia. Misit Dr. de Olfers.

Statura praecedentis. Caput testaceum macula occipitali nigra. Vertex punctatus, puncto medio nigro. Antennae nigrae. Mandibulae apice nigrae. Palpi testacei. Oculi testacei. Thorax antice posticeque marginatus, testaceus puncto nigro. Punctulum utrinque ad pedum anticorum originem nigricans. Pectus testaceum ad pedum posteriorum insertiones nigro punctatum. Abdomen testaceum immaculatum. Scutellum nigrum. Coleoptera margine exteriore apiceque testacea, medio confertim punctata, viridi-caerulea; Alae fuscescentes. Pedes testacei, postici femoribus incrassatis, tibiis compressis incurvatis; Tarsi postici nigri.

Aus Brasilien. Länge 4½ bis 5 Linien. Dem Vorhergehenden ähnlich. Körper fahlgelb. Am Hinterkopf ein schwarzer Fleck. Scheitel punktirt mit schwarzem Mittelfleck. Fühler schwarz. Freſszangen mit gelben Spitzen. Augen bräunlich. Rückenschild vorn und hinten mit aufgeworfenem Rande, oben mit einem schwarzen Punkt, zu den Seiten an der Wurzel der vordersten Beine schwarz punktirt. Brust an der Einlenkung beider Fuſspaare schwarz punktirt. Hinterleib ungefleckt. Rückenschildchen schwarz. Deckschilde am Auſsenrande und der Spitze blaſsgelb, in der Mitte dicht stark punktirt und grünblau. Flügel schwärzlich. Beine blaſsgelb, an dem hintersten Paar die Schenkel verdickt, die Schienen zusammengedrückt und gekrümmt, die Fufsglieder schwarz.

3. *Megalopus egregius.*

Tab. III. Fig. 4.

Megalopus niger, capite thoraceque sanguineis, antennis apice albis, elytris cyaneis margine externo apiceque pallidis. Long. lin. 4.

Megalopus egregius, Germar Insect. species etc. I. p. 525. n. 706.

Habitat in Brasilia. Mus. Germar.

Praecedentibus angustior. Caput pone oculos punctatum, sanguineum, oculis mandibulisque nigris. Labrum nigrum apice testaceum. Palpi testacei. Antennae elytris breviores nigrae, articulis 5. 6. 7. 8. et 9. subtus, ultimis duobus omnino albis. Thorax transversus basi apiceque marginatus, marginibus subreflexis, sanguineus, glaberrimus. Scutellum sanguineum. Pectus abdomenque aterrima nitida. Segmenta ventralia albido-ciliata. Elytra pallida, basi punctata late cyanea, margine externo reflexo pallido. Pedes nigri. Femora postica incrassata. Tibiae subincurvae. Plantae tomento cinerascente tectae.

Aus Brasilien; vier Linien lang. Kleiner und schlanker als beide vorbeschriebene Arten. Kopf, Rückenschild und Schildchen sind lebhaft roth und glatt, ausgenommen einige eingedrückte Punkte zu beiden Seiten der Stirn dicht vor den Augen. Die Lefze ist schwarz mit blafsgelber Spitze. Die Mandibeln sind schwarz. Die Fresspitzen blafsgelb. Die Fühler sind kürzer als die Deckschilde, die vier ersten Glieder schwarz, die fünf folgenden schwarz, unten weifs, die letzten beiden ganz weifs. Kopf und

Hinterleib sind schwarz, der Bauch weifslich behaart. Die hintere Hälfte der Deckschilde ist glatt und blafsgelb, die vordere punktirt und stahlblau, der Aufsenrand gelb. Die Beine sind schwarz, die Hinterschenkel mäfsig verdickt, die Schienen etwas gekrümmt, die Sohlen mit einem weifsgrauen Filz bedeckt.

4. *Megalopus marginatus.*

Tab. III. Fig. 6.

Megalopus niger, thoracis et coleoptrorum margine omni, elytrorum fasciis duabus, anteriori obliqua, testaceis. Long. lin. 5½.

Patria: Brasilia. Misit Dr. de Olfers.

Caput nigrum clypeo testaceo. Vertex utrinque punctatus. Labrum testaceum basi fuscum. Mandibulae antennaeque nigrae. Oculi fusci. Thorax antice posticeque marginatus, marginibus reflexis, medio niger. Jugulum nigrum. Pectus nigrum. Abdomen testaceum. Elytra punctata nigra testaceo-marginata et bifasciata. Fascia altera baseos a scutello versus marginem exteriorem oblique descendit, altera transversa pone medium marginem ipsum attingit. Alae nigricantes. Pedes nigri. Femora postica parum incrassata. Tibiae compressae incurvae.

Vaterland: Brasilien. 5½ Linien lang. Aehnlich den zuerst beschriebenen Arten. Kopf schwarz. Scheitel an den Seiten punktirt. Schildchen gelb. Lefze im Ursprunge schwärzlich. Frefszangen und Fühler schwarz. Augen dunkel. Das Rückenschild mit aufgeworfenem Vorder- und Hinterrande in der Mitte schwarz, an den Seiten überall gelb. Brust schwarz. Hinterleib fahlgelb. Rückenschildchen schwarz. Deckschilde punktirt, schwarz, am Rande gelb, mit zwei gelben Queerbinden, deren erste schräg vom Schildchen gegen den Aufsenrand herabsteigt, die andere gerade und durchgehend ist; die Flügel schwärzlich. Beine schwarz, die hintersten Schenkel wenig verdickt, die Schienen gekrümmt und zusammengedrückt.

5. *Megalopus subfasciatus.*

Tab. III. Fig. 7.

Megalopus testaceus, thorace macula nigricanti subtriloba, elytris macula axillari, fascia transversa abbreviata, apiceque fuscis. Long. lin. $5\frac{1}{4}$.

Megalopus subfasciatus Germar Insect. Spec. I. p. 526. n. 705.

Habitat in Brasilia. Dedit amicissimus de Winthem.

Simillimus M. marginato, vix tamen mera varietas. Caput punctatum nigrum clypeo testaceo, maculaque utrinque occipitali ferruginea. Labrum testaceum basi ferrugineum. Mandibulae fuscae basi testaceae. Palpi subfusci. Antennae compressae nigrae. Oculi testacei. Thorax basi apiceque marginatus, marginibus subreflexis, antice attenuatus, sparsim punctatus, testaceus, subtus niger, supra macula subtriloba, litteram M quodammodo referente, fusca. Pectus subpunctatum nigrum. Abdomen testaceum fasciis transversis nigris. Scutellum testaceum, basi fuscum. Elytra vage punctata, subpilosa, testacea, apice late obscuriora, macula axillari transversa, fasciaque obliqua media utrinque abbreviata fusco-ferrugineis. Pedes nigri, femoribus basi apiceque ferrugineis. Tibiae angulatae, posteriores compressae, incurvatae, subpilosae. Femora postica incrassata.

Aus Brasilien. $5\frac{1}{4}$ Linien lang. In jeder Beziehung dem Megal. marginatus sehr ähnlich. Grundfarbe blaſsröthlich gelb. Der Kopf punktirt, schwarz, hinten zu jeder Seite mit einem bräunlichen Fleck, unter den Augen blaſsgelb. Lefze gelb mit schwärzlichem Wurzelfleck. Freſszangen gelblich mit schwarzbraunen Spitzen. Freſsspitzen bräunlich. Fühler zusammengedrückt, schwarz. Augen blaſsbräunlich. Der Rückenschild vorn ein wenig verengt, und hier, wie am hintern Ende, gerandet. Die untere Seite schwarz, die obere gelbröthlich, mit einem groſsen braunen, beinah wie ein M gestalteten Mittelfleck. Brust schwarz. Bauch gelblich, mit schwärzlichen Queerbinden. Rückenschildchen schwarz an der Spitze gelblich. Deckschilde punktirt, schwach behaart, an der Spitze dunkler, bezeichnet am Schulterwinkel mit einem schräg abwärts steigenden Fleck und in der Mitte mit einer ebenfalls schräg laufenden, auf beiden Seiten abgekürzten Binde von dunkelbrauner Färbung. Die Beine sind dunkel, beinah schwarz, schwach behaart, die Schenkel an beiden Enden braun, die hintersten Schenkel fast keulenförmig verdickt, die Schienen zusammengedrückt, gekrümmt und eckig.

6. *Megalopus bifasciatus.*

Tab. III. Fig. 8.

Megalopus niger, thorace utrinque, elytris fasciis duabus, testaceis. Long. lin. $4-4\frac{1}{2}$.

Patria: Brasilia. Misit Dr. de Olfers.

Praecedenti similis. Caput nigrum vertice ad oculos impresso-punctato, clypeo testaceo. Oculi fusci. Thorax marginibus parum reflexis, niger, utrinque testaceus (rarius margine omni testaceo). Pectus nigrum. Abdomen testaceum. Scutellum nigrum. Elytra punctata, nigra, fasciis duabus transversis, altera baseos, altera pone medium, axillis apicibusque testaceis. Alae nigricantes. Pedes nigri, Femora postica parum incrassata.

Aus Brasilien. Länge 4 bis 4½ Linien. Der vorhergehenden Art sehr ähnlich. Gewöhnlich kleiner. Der Kopf schwarz mit fahlgelbem Schildchen. Die Scheitelgegend vor den Augen punktirt. Die Lefze schwärzlich. Freſszangen und Fühler schwarz. Augen schwärzlich. Am Rückenschild der vordere Rand wenig, der hintere merklicher aufgeworfen. Farbe schwarz, nur an den Seitentheilen gelb. Brust schwarz. Hinterleib fahlgelb. Rückenschildchen schwarz. Deckschilde punktirt, schwarz, mit zwei blaſsgelben Binden, eine kleinere an dem Grundtheil, eine gröſsere dicht hinter der Mitte. Auſserdem sind die Achselgegend und die Spitzen der Deckschilde gelb. Die Flügel schwärzlich. Die Beine einfarbig schwarz. Die hintersten Schenkel kaum stärker als die übrigen.

7. *Megalopus signatus.*

Tab. III. Fig. 9.

Megalopus testaceus elytris punctatis linea marginali maculaque obliqua media, thorace macula triloba, capite pedibusque nigris. Long. lin. 5.

Patria: Brasilia. Misit Dr. de Olfers.

Statura praecedentium. Caput nigrum, occipite utrinque ferrugineo. Vertex lateribus punctatus. Clypeus testaceus. Labrum nigrum apice testaceum.

Mandibulae antennaeque nigrae. Oculi nigri. Thorax antice posticeque marginatus, testaceus, dorso niger, postice testaceo-bimaculatus, maculis linearibus, obliquis, basi approximatis. Jugulum pectusque nigra. Abdomen testaceum, segmentis prioribus utrinque, ultimo basi nigris. Scutellum nigrum. Elytra distincte et profunde impresso-punctata, testacea, ad marginem exteriorem nigra, margine ipso tamen testaceo, medio nigro-maculata, macula lineari subarcuata obliqua a sutura marginem exteriorem versus provecta. Alae infuscatae. Pedes nigri coxis testaceis. Femora postica parum incrassata, testaceo-marginata.

Aus Brasilien. Gestalt der Vorhergehenden. Kopf schwarz, am Hinterkopf jederseits ein bräunlicher halb verloschener Fleck in ähnlicher Weise wie bei den beiden vorhergehenden Arten. Scheitel an den Seiten punktirt. Schildchen gelb. Lefze schwarz, an der Spitze gelb. Fresszangen, Fühler und Augen schwarz. Rückenschild mit aufgeworfenem Vorder- und Hinterrande, blassgelb, oben in der Mitte schwarz, hinterwärts mit gelbem Doppelfleck, der im Ursprung vereinigt ist, und wo er sich endigt, gabelförmig abweicht. Kehle und Brust schwarz. Hinterleib blassgelb, die ersten Abschnitte zu jeder Seite, der letzte an seinem ganzen Ursprunge schwarz. Rückenschildchen schwarz. Deckschilde einzeln, aber tief punktirt, fahlgelb. In der Mitte ein linienförmiger geschlungener Fleck, der von der Nath gegen den Aussenrand hin abwärts steigt, doch weder diese noch jenen berührt. Vor dem Aussenrande von der Wurzel der Deckschilde bis zur Spitze hin eine schwarze Linie. Der Aussenrand selbst gelb. Beine schwarz mit gelben Hüftstücken. Die hintersten Schenkel wenig verdickt, unten gelb gerandet.

8. *Megalopus testaceus.*

Tab: IV. Fig. 1.

Megalopus niger, elytris, thoracis margine, maculaque postica duplici testaceis. Long. lin. $4\frac{1}{2}$.

Patria: Brasilia. Misit Dr. de Olfers.

Similis praecedenti. Caput nigrum vertice lateribus punctato. Clypeus testaceus. Labrum apice testaceum. Mandibulae antennaeque nigrae. Oculi nigro-fusci. Thorax antice vix, postice parum marginatus, testaceus, dorso macula magna triloba nigra, subtus niger. Pectus scutellumque nigra. Abdomen testaceum, segmentis prioribus utrinque, ultimo basi macula fusca. Elytra punctata, punctis leve impressis, testacea, unicoloria. Pedes nigri.

Aus Brasilien. Aehnlich der vorhergehenden Art. Länge $4\frac{1}{2}$ Linien. Kopf schwarz. Am Hinterkopf keine Spur von bräunlichen Flecken. Scheitel zu beiden Seiten punktirt. Schildchen ganz, Lefze an der Spitze blafsgelb. Frefszangen, Fühler und Augen schwarz. Rückenschild kaum gerandet, sehr glatt, blafsgelb, geschmückt mit einem grofsen glänzend schwarzen Fleck, ähnlich einer umgekehrt stehenden dreiblättrigen Blume, deren starker Stiel den vordern Rand und das mittlere Blatt den hinteren erreicht. Kehle, Brust und Rückenschildchen schwarz. Hinterleib blafsgelb, die beiden ersten Abschnitte zu jeder Seite, der letzte in der Mitte mit braunschwarzem Grundflecke. Deckschilde leicht punktirt, einfarbig fahlgelb. Beine schwarz. Die hintersten

Schenkel nicht mehr als bei der vorhergehenden Art verdickt.

9. *Megalopus flavo-maculatus.*

Tab. IV. Fig. 2.

Megalopus niger, elytris roseis, flavo-bimaculatis, thorace testaceo, nigro signato. Long. lin. 4—5.

Habitat in Brasilia. Misit Dr. de Olfers. Rio Janeiro. Mus. D[r]. de Langsdorff.

Praecedentibus angustior. Caput nigrum, vertice lateribus punctato, cano-subpiloso. Clypeus labrumque subpilosa testacea ad basin fusca. Mandibulae antennaeque nigrae. Palpi testacei, anteriores articulo primo basi fusco. Oculi fusci. Thorax parum marginatus testaceus, dorso macula nigra bisinuata, litteram M referente ornatus. Pectus abdomen et pedes nigra cano-pubescentia. Scutellum testaceum, basi subfuscum. Elytra vage punctata rosea, maculis duabus testaceis, altera pone medium altera ad apicem, ornata.

Aus Brasilien. Vier Linien lang. Schmaler als die Vorhergehenden. Kopf schwarz, Scheitel an den Seiten punktirt, dünn weifslich behaart. Schildchen und Lefze blafsgelblich, nach dem Grunde hin schwärzlich, überall leicht weifslich behaart. Frefszangen und Fühler schwarz. Frefsspitzen gelblich. Augen braun. Rückenschild kaum gerandet, blafsgelb, oben mit einer schwarzen M förmigen Zeichnung. Brust, Hinterleib und Beine schwach weifslich behaart. Rückenschildchen gelblich, nach oben etwas schwärzlich. Deckschilde schwach punktirt, rosenroth, jedes mit zwei gelben runden Flecken, den einen in der Mitte, den andern unweit der Spitze.

10. *Megalopus fasciatus.*

Tab. IV. Fig. 3.

Megalopus aterrimus, coleopteris sanguineis, fascia media atra. Long. lin. 4.

Megalopus fasciatus Dalman analecta entomol. p. 72. n. 65.

Habitat in Brasilia. Dedit Bescke.

Brevis, validus. Caput magnum, occipite subgibboso punctato, vertice plano, lateribus punctato. Oculi magni prominentes. Orbitae postice argenteo-ciliatae. Antennae breves apice dilatatae, compressae. Thorax antice posticeque marginatus, margine antico utrinque argenteo-ciliato, lateribus subtuberculatus, dorso punctatus. Pectus et abdomen, anus densior, albido-ciliata. Scutellum punctatum. Elytra basi apiceque vage punctata, sanguinea, medio confertius punctata nigra, nigro-subtomentosa. Pedes punctati, atro-villosi. Femora postica incrassata, subtus medio unidentata.

Aus Brasilien. Vier Linien lang. In der Gestalt abweichend. Der ganze Körper, die Deckschilde ausgenommen, tiefschwarz. Der Kopf grofs, das Hinterhaupt gewölbt, erhaben und punktirt; die Scheitelgegend flach, seitwärts punktirt. Die Augen grofs, hervorstehend, am hintern Rande mit einem silberfarbenen Haarsaum. Die Fühler kürzer als bei den vorhergehenden Arten, an der Spitze breiter, zusammengedrückt. Das Rückenschild vorn und hinten mit aufgeworfenem Rande, an den Seiten in einen stumpfen Höcker erhaben, oben punktirt, der vordere Rand an den Seiten mit silberweifsem Haarsaum. Brust und Hinterleib weifslich, die Aftergegend dichter behaart. Das Rückenschildchen deutlich punktirt. Deckschilde punktirt, hochroth. Durch die Mitte eine dichter punktirte schwarze Binde mit schwarzem Haarfilz bedeckt. Die Beine stark, mit aufliegenden schwarzen Härchen besetzt. Die hintersten Schenkel sehr dick, am untern Rande in der Mitte mit einem kurzen Dorn bewaffnet.

11. *Megalopus analis.*

Tab. IV. Fig. 4.

Megalopus elongatus luteus, elytris apice, capite cum antennis, abdomine pedibusque posticis nigris. Long. lin. 4.

Habitat in Brasilia. Misit Dr. de Olfers.

Praecedentibus multo angustior. Caput thorace latius, vertice punctato, nitidum, nigrum, oculis magnis prominentibus, testaceis. Antennae capite duplo longiores subcompressae, nec tamen dilatatae. Clypeus elevatus labrumque nigra. Mandibulae testaceae apice fuscae. Palpi testacei. Thorax cylindricus, marginibus antico posticoque parum elevatis, luteus immaculatus. Pectus scutellumque lutea. Abdomen nigrum, nitidum. Elytra attenuata, punctata lutea, luteo pilosa, apicibus nigris, nigro-villosis. Pedes anteriores lutei, postici nigri, ungulis luteis. Femora parum incrassatae, tibiae elongatae, subincurvae, cinereo subpilosae.

Aus Brasilien. Vier Linien lang. Körper sehr schmal. Der Kopf breiter als das Rückenschild, am Scheitel punktirt, glänzend schwarz. Augen hervorstehend, blafsbräunlich. Fühler etwas zusammengedrückt, schwarz. Frefszangen gelblich mit dunkleren Spitzen. Frefsspitzen blafsgelb. Das Rückenschild vorn und hinten ein wenig aufgeworfen, cylyndrisch geformt, röthlichgelb. Brust und Rückenschildchen eben so gefärbt. Hinterleib schwarz und glänzend. Deckschilde schmal, punktirt, röthlichgelb, eben so behaart, an der Spitze schwarz und schwarzhaarig. Die vordern Beine röthlichgelb. Die hintersten schwarz mit gelbrothen Klauen, Die Schenkel kaum merklich verdickt, die Schienen etwas verlängert, wenig gekrümmt, mit weifslichen Härchen leicht besetzt.

12. *Megalopus ruficornis.*

Tab. IV. Fig. 5.

Megalopus elongatus testaceus, capitis vertice thoracisque dorso fuscis. Long. lin. 4.

Megalopus ruficornis Fabricii Syst. Eleuth. II. p. 367. n. 1.

Habitat in America meridionali. D. Smidt. (Fabr. l. c.). Ex Museo Regio Havniensi.

Caput punctatum fuscum inter antennas laeve, impressum, testaceum, macula fusca. Clypeus labrumque testacea basi flava. Mandibulae ferrugineae basi testaceae. Palpi ferruginei. Oculi magni globosi emarginati glauci. Antennae vix thorace longiores, compressae, ferrugineae, articulo primo testaceo. Thorax cylindricus, antice posticeque marginatus, punctatus dorso fuscus. Scutellum rufo-testaceum. Elytra attenuata testacea punctata subpilosa, apice argenteo-micantia, margine externo obscuriori. Pectus obscure testaceum, argenteo-sericeum. Pleurae macula fusca. Abdomen testaceum, argenteo-sericeum, segmentis basi utrinque ferrugineis, ultimo ferrugineo, dorso flavo. Pedes testacei, femoribus anterioribus basi, tibiis tarsisque obscurioribus. Pedes postici elongati. Femora incrassata. Tibiae subincurvae.

Aus dem südlichen Amerika und 4 Linien lang. Schmal, blafsgelblich, der Kopf grofs, am Scheitel punktirt und dunkelbräunlich, die Stirn zwischen den Fühlern platt eingedrückt mit dunkelm Fleck. Frefszangen und Frefsspitzen braun. Augen grofs. Fühler kaum länger als das Rückenschild, zusammengedrückt, bräunlich, das erste Glied blafsgelb. Rükkenschild rund, punktirt, in der Mitte schwärzlich. Das Schildchen röthlichgelb. Die Deckschilde eng, röthlich blafsgelb, punktirt und mit dunklen Härchen besetzt, an der Spitze silberweifs schimmernd, am Aufsenrande dunkel. Brust punktirt mit silberweifsen Härchen bedeckt. Brustseiten mit schwarzbraunem Fleck. Bauch gelb, die Abschnitte seitwärts braun, der letzte unten braun, oben gelb. Die Beine blafsgelblich, die vordern Schenkel von ihrem Ursprunge an zur gröfsern Hälfte dunkler bräunlich, sämmtliche Schienen und Fufsglieder bräunlich. Die hintersten Beine verlängert, deren Schenkel verdickt und die Schienen gekrümmt.

13. *Megalopus inscriptus.*

Tab. IV. Fig. 6.

Megalopus elongatus, testaceus, capite maculis, thorace signo litteram M referente, ferrugineis. Long. lin. $3\frac{1}{2}$.

Patria: Parà Brasiliae. Misit Sieber. Ex Museo Com. de Hoffmannsegg.

Statura praecedentis. Caput thorace latius, punctatum, testaceum, vertice macula occipiteque ferrugineis, macula verticali litura angulata aurea terminata. Antennae ferrugineae, apice incrassatae, dilutiores, articulo primo testaceo. Oculi magni prominentes, testacei. Mandibulae testaceae, apice ferrugineae. Palpi testacei. Thorax cylindricus, marginibus parum reflexis, testaceus, dorso littera M, lateribus punctulo, ferrugineis notatus. Pectus testaceum ferrugineo-maculatum. Abdomen testaceum, segmentis basi ferrugineis. Scutellum testaceum. Elytra punctata, testacea, cano-pilosula, marginibus axillisque ferrugineis. Alae fuscescentes. Pedes testacei femoribus fascia ferruginea. Femora postica parum incrassata.

Von Parà in Brasilien und $3\frac{1}{2}$ Linien lang. Körperbau schmal, wie bei der vorhergehenden Art. Kopf breiter als das Rückenschild, punktirt, blafsgelb, am Scheitel und dem Hinterkopf braun. Ueber dem Scheitelfleck eine eckige goldfarbige Linie. Augen grofs, hervorstehend, blafsbräunlich. Frefszangen blafs, an der Spitze dunkelbraun. Frefsspitzen gelblich. Fühler an der Spitze verdickt, das erste Glied gelb mit einigem Goldglanz, die zunächst folgenden dunkel-, die übrigen hellbraun. Rückenschild schmal mit wenig aufgeworfenen Rändern, blafsgelb. Auf dem Rucken ein grofses lateinisches M von brauner Farbe, an den Seiten ein brauner Punkt. Brust blafsgelb mit braunem Fleck. Hinterleib blafsgelb, die Abschnitte nach vorn braun. Rückenschildchen blafsgelb. Deckschilde punktirt, blafsgelb, leicht weifslich behaart, mit braunem Rande und eben solchem Schulterfleck. Flügel hellbräunlich. Beine blafsgelb. Schenkel von einer braunen Binde in der Mitte durchzogen. Die hintersten Schenkel etwas verdickt, die Schienen verlängert.

14. *Megalopus nigricornis.*

Tab. IV. Fig. 7.

Megalopus elongatus, testaceus, capite, elytrorum margine, pedumque posticorum tibiis tarsisque nigris. Long. lin. 4.

Megalopus nigricornis Fabr. Syst. Eleut. II. p. 368. n. 2. Olivier Entomologie VI. p. 920. n. 2. Pl. I. Fig. 2. Latreille gen. Crust. et Ins. III. p. 45. sp. 1. Tab. XI. Fig. 5.

Habitat in America meridionali. D. Smidt. Ex Museo Regio Havniensi.

Affinis M. ruficorni. Caput punctatum, fronte impressa laevi. Clypeus labrumque testacea, basi nigra. Mandibulae elongatae, testaceae, apice fuscae. Palpi testacei. Antennae vix thorace longiores, compressae nigrae. Oculi magni prominentes emarginati glaucescentes. Thorax globosus, rufo-testaceus, antice posticeque marginatus, sparsim punctatus, duabus maculis, altera baseos, altera media, dorsalibus nigris. Scutellum testaceum. Elytra attenuata, punctata, testacea, linea suturali baseos abbreviata, humeris, margineque externo nigris, vitta suturali ad apicem, apicibusque ipsis ferrugineis. Pectus testaceum macula media triangulari nigra. Abdomen testaceum. Pedes testacei, postici elongati, femoribus parum incrassatis, basi nigro-lituratis, tibiis incurvatis, intus fulvo-ciliatis.

Aus dem südlichen Amerika. 4 Linien lang. Gestaltet wie Megalopus ruficornis. Kopf schwarz punktirt, zwischen den Augen glatt. Schildchen und Lefze schwarz, an der Spitze gelblich. Freſszangen blaſsgelb mit braunen Spitzen. Freſsspitzen blaſsgelb. Fühler zusammengedrückt, kaum länger als das Rükkenschild und schwarz. Augen groſs und hervorstehend. Rückenschild rund, einzeln und schwach punktirt, röthlichgelb mit schwarzem Mittel- und einem ähnlichen Fleck in der Mitte des vordern Randes. Rückenschildchen blaſs röthlichgelb. Deckschilde blaſs gelbbräunlich, punktirt, der Auſsenrand, die Schultern und ein Drittheil der Nath unmittelbar vom Schildchen abwärts schwarz, die Spitzen und im Zusammenhang mit ihnen ein länglicher Nathfleck braun. Die Brust blaſs röthlichgelb mit einem dreieckigen schwarzen Mittelfleck. Der Bauch blaſs röthlichgelb. Die Beine von der nemlichen Farbe, mit Ausnahme der hintersten Schienen und Fuſsglieder, welche schwarz sind. Die Hinterschenkel sind ein wenig verdickt mit einem schwarzen Strich unterhalb an der Einlenkung. Die Hinterschienen sind etwas verlängert und gekrümmt, am inwendigen Rande mit goldgelben Härchen besetzt.

15. *Megalopus cruralis.*

Tab. IV. Fig. 8.

Megalopus thorace subgloboso niger, elytris testaceis; femoribus posticis ferrugineis, macula flava. Long. lin. 4.

Patria Bahia Brasiliae. Misit Sello.

Caput aterrimum. Occiput gibbum. Antennae mediocres, apice compresse. Oculi ovati fusci. Mandibulae nigrae. Maxillae testaceae. Thorax subglobosus, antice posticeqne marginatus, punctatus, aterrimus. Pectus nigrum. Abdomen nitidum nigrum

macula

macula magna baseos flava. Scutellum nigrum. Coleoptra attenuata, punctata testacea, nigro-subpilosa, basi, axillis, maculaque subscutellari triangulari communi ferrugineis. Pedes fusci, genubus tarsisque testaceis. Femora postica subincrassata, medio ferruginea, macula flava. Tibiae posticae apice crassiores nigro-subhirtae.

Von Bahia in Brasilien. Vier Linien lang. Kopf tief schwarz. Hinterkopf stark gewölbt. Augen wenig hervorstehend, dunkelbraun. Fühler von mäfsiger Länge, etwas zusammengedrückt. Kinnbacken schwarz. Laden gelblich. Rückenschild rundlich, gerandet mit stark aufgeworfenem Vorderrande, punktirt, tiefschwarz. Brust schwarz. Hinterleib glänzend schwarz mit einem grofsen gelben Grundfleck. Rückenschildchen schwarz. Deckschilde punktirt, blafsbräunlichgelb, besetzt mit einzeln stehenden schwarzen Härchen. Braun sind die Schultergegend, der vordere Rand, und ein gemeinschaftlicher dreieckiger Fleck hinter dem Schildchen. Die Beine sind dunkelbraun, beinah schwarz, mit gelbröthlichen Kniegelenken und Fufsgliedern. Die hintersten Schenkel sind mäfsig verdickt in der Mitte glänzend rothbraun mit einem grofsen gelben Fleck unweit der Spitze; die hintersten Schienen gegen die Spitze verdickt und mit schwarzen Haaren besetzt.

16. *Megalopus hirtipes.*

Tab. IV. Fig. 9.

Megalopus therace subgloboso, aterrimus elytris testaceis. Long. lin. 4½.

Patria: Parà Brasiliae. Misit Sieber; ex Museo Com. de Hoffmannsegg.

Praecedenti affinis Occiput gibbum. Vertex planus. Antennae mediocres distincte articulatae fuscae, articulo primo basi testaceo, ultimo acuminato. Oculi ovati fusci. Thorax dorso punctatus antice posticeque marginatus, marginibus elevatis, antico utrinque albido-ciliato. Pectus nigrum. Abdomen nigrum macula parva baseos testacea. Anus nigro-hirsutus. Scutellum punctatum nigrum. Coleoptera angustata, obscure testacea, punctata, nigro-pilosa, marginibus axillisque fuscis. Pedes nigri, ungulis ferrugineis, posticorum condyli testacei. Femora parum incrassata basi apiceque parum testacea. Tibiae incurvae carinatae nigro-hirtae, apice ferrugineo-pilosae; plantae ferrugineae.

Aus Brasilien, $4\frac{1}{2}$ Linien lang. Der vorhergehenden Art sehr ähnlich. Kopf ganz schwarz, Hinterkopf gewölbt, Scheitel flach. Fühler braun, die Glieder deutlich abgesetzt, das letzte zugespitzt. Rückenschild einfärbig schwarz, kuglicht, punktirt, mit stark aufgeworfenem Vorder- und Hinterrande. Brust und Hinterleib schwarz, letzterer an der Spitze schwarz behaart, der Bauch mit einem blafsgelben Wurzelfleck. Rückenschildchen schwarz. Deckschilde blafs bräunlich gelb, punktirt, mit einzelnen schwarzen Härchen überall besetzt, braun gerandet und mit braunem Schulterfleck. Beine schwarz, schwarz behaart. Kniegelenke gelblich. Hinterschenkel etwas verdickt, Wurzel sammt den Gelenkköpfen und Spitzen gelblich. Hinterschienen sehr behaart mit röthlichen Haaren an der Spitze. Sämmtliche Klauenglieder rothbraun, die Flächen der Fufsglieder röthlich behaart.

17. *Megalopus afer.*

Tab. VI. Fig. 7.-8.

Megalopus niger, capite thoraceque luteo-maculatis, elytris luteis, nigro-fasciatis. Long. lin. 4—5.

Patria: Prom. b. spei prope Uitenhagen. Detexit D. Krebs.

Corpus oblongum nigrum, griseo subpilosum. Caput declive punctatum, macula frontali transversa lutea; clypeo linea transversa impressa separato, cinereo-hirto apice glabro, obscure luteo; labro apice rotundato ferrugineo, ciliato. Mandibulae nigrae, validae, breves, subincurvatae, integrae. Maxillae compressae basi nigrae, corneae, apice luteae, incurvatae, pectinatae, bifidae. Mentum transversum, breve, corneum, tridentatum nigrum. Labium testaceum coriaceum crassum subconicum, apice rotundato. Palpi nigri; maxillares maxillis vix longiores quadriarticulati, articulo primo brevissimo, secundo tertioque altero dimidio breviori cylindricis, quarto longitudine secundi subulato; labiales triarticulati, articulo primo brevissimo, secundo tertio longiori. Antennae thorace vix breviores compressae serratae fuscae, basi apiceque nigrae. Thorax cylindricus convexiusculus punctatus, lateribus rotundatis maculaque dorsali subcordata luteis. Scutellum transversum nigrum apice rotundato. Elytra punctata, sparsim pilosa lutea, nigro bifasciata, fasciis obliquis ad suturam latioribus, priori ad humeros ascendente, secunda marginem externum non attingente. Pectus, abdomen, pedes griseo pilosa. Femora postica incrassata, tibiae vix incurvatae, plantae tomento subinaurato tectae, ungues valde elongatae, unguiculis ferrugineis armatae. Variat antennis ferrugineis, coleoptris nigris, macula communi baseos, fascia media obliqua utrinque interrupta, apiceque luteis.

Von Vitenhagen in der Cap-Colonie. 4—5 Linien lang. Fast cylindrisch, schwarz, grau behaart. Der Kopf abhängend, punktirt, mit einem breiten rothgelben Stirnfleck. Mandibeln und Freſsspitzen schwarz. Die Fühler etwa so lang als das Rückenschild, zusammengedrückt, gesägt, dunkelbräunlich, Wurzel und Spitze schwarz. Das Rückenschild an den Seiten abgerundet und rothgelb, mit einem fast herzförmigen rothgelben Mittelfleck. Das Rückenschildchen breit, gerandet, schwarz. Die Deckschilde stark punktirt, einzeln behaart, rothgelb mit zwei schwarzen Queerbinden, beide stehen an der Nath sich näher, die erste fängt von der Schulter, die andere vor dem Auſsenrande an. Die untere Seite und die Beine sind sehr behaart, die hintern Schenkel verdickt, die Klauenglieder lang, die Sohlen mit einem hellgoldfarbenen Filz bedeckt.

Bei einer Abänderung sind die Fühler rostfarben, die schwarzen Binden der Deckschilde sind breiter, namentlich die hintere, welche zugleich den Auſsenrand und fast die Spitze erreicht, auſserdem aber durch einen nach der anderen Binde ausgehenden Streifen das gelbe Mittelfeld theilt, so daſs die Deckschilde wie schwarz und mit gelben Flecken erscheinen. (Fig. 8.)

Zweite Familie.

Brustbein als Höcker hervorragend: Sternum in tuberculum elevatum.

18. *Megalopus variegatus.*

Tab. V. Fig. 1. 2.

Megalopus luteus nigro-maculatus, elytris fascia flava. Long. lin. 5.

Habitat in Brasilia. Misit Dr. de Olfers.

Caput luteum occipitis medio, macula elongata in vertice punctisque duobus inter antennas nigris. Clypeus punctis tribus, labrum macula magna baseos nigris. Mandibulae luteae apice nigrae. Palpi lutei. Oculi fusci. Antennae luteae, articulis quatuor prioribus dorso ferrugineis, ultimis quinque nigris, compressis. Thorax depressus, transversus luteus dorso maculis novem nigris, subtus nigro-maculatus. Pectus nigrum lateribus ferrugineo-maculatis. Abdomen luteum. Scutellum nigrum. Elytra punctata lutea nigro-cincta, basi nigro-maculata, fascia transversa media dentata flava nigro marginata. Pedes lutei, femoribus maculis, tibiis margine exteriori, tarsis dorso ungulisque nigris. Femora postica incrassata, tibiae parum incurvatae.

Variat elytris nigris, basi luteo-apice ferrugineo-maculatis, fasciaque transversa communi medio interrupta pallida. Fig. 2.

Aus Brasilien. Fünf Linien lang. Körper rothgelb. Am Kopf ein grofser Fleck am Hinterhaupt, ein länglicher Scheitelfleck und jederseits ein Punkt vor den Fühlern schwarz. Auf dem Schildchen drei schwarze Punkte neben einander. Die Lefze mit einem grofsen schwarzen Fleck. Die Frefszangen mit schwarzen Spitzen. Augen bräunlich. Die vier ersten Fühlerglieder sind aufserhalb braun, die fünf letzten zusammengedrückt, mattschwarz. Das Rükkenschild, von flachgedrückter, queergedehnter Gestalt, hat oben neun schwarze Flecke, und ist auch unten schwarz gefleckt. Die Brust ist schwarz und nur an den Seiten braungefleckt, der Hinterleib durchaus rothgelb, das Rückenschildchen schwarz. Die punktirten Deckschilde haben einen feinen schwarzen Rand, in der Mitte eine gelbe gezackte Binde, welche hinten schwarz eingefafst ist. Die vordere Hälfte der Deckschilde durchziehen schwarze zackige Queerbinden, aus mehr oder weniger in einander geflossenen Flecken gebildet. Die Schenkel sind schwarz gefleckt, die hintersten verdickt, die Schienen schwarz gerandet, die Fufsglieder oben schwarz, die Klauen schwarz. Die Grundfarbe der Decken ist bei einigen schwarz. Sie sind durch eine gelbweifse Binde, die entweder ganz, oder beinah unterbrochen ist, getheilt. Die Spitzen der Decken sind entweder hellbraun oder haben nur einen braunen Fleck, die vordere Hälfte durchziehen zwei rothgelbe geschlängelte Binden, welche vor der Nath aufhören. (Fig. 2.)

19. *Megalopus vittatus.*

Tab. V. Fig. 3.

Megalopus testaceus, elytris flavis vitta longitudinali suturaque roseis. Long. lin. 5.

Habitat in Brasilia. D. Bescke.

Caput testaceum, labro macula baseos, mandibulis apice nigris. Oculi fusci. Antennae apice compressae, subserratae flavescentes, articulis dorso fuscis.

Thorax immaculatus. Pectus obscure - testaceum. Abdomen testaceum segmentis medio obscurioribus. Scutellum rufescens. Elytra punctata flava vitta longitudinali abbreviata. Pedes testacei, femoribus maculis, tibiis tarsisque dorso ferrugineis. Femora postica incrassata subtus ad apicem acute dentata. Tibiae posticae incurvatae.

Aus Brasilien. Fünf Linien lang. Blafs röthlichgelb, Kopf und Rückenschild ungefleckt. Nur die Lefze an der Wurzel und die Frefszangen an der Spitze schwarz. Die Fühler zusammengedrückt, blafsgelblich, mit dunkelbraunem Rücken. Augen bräunlich. Brust und Hinterleib gelbbräunlich, die letzten Abschnitte an den Spitzen heller. Rückenschildchen blafsroth. Deckschilde punktirt, gelb. Blafsroth die Nath und dicht hinter den Schultern eine Längsbinde bis über die Mitte der Deckschilde. Beine wie der Hinterleib gefärbt, Schenkel röthlich gefleckt, der Schienen obere Seite sammt den Fufsgliedern braun. Hinterschenkel verdickt, unten unweit der Spitze scharf gezahnt, Schienen sehr gekrümmt.

20. *Megalopus depressus.*

Tab. V. Fig. 4.

Megalopus testaceus, capite nigro-maculato, elytris marginibus, macula humerali punctoque medio, tibiis dorso nigris. Long. lin. 4.

Patria: Cametà Brasiliae. Ex Museo Comit. de Hoffmannsegg.

Corpus depressum. Caput nitidum medio subtilissime punctatum, macula magna elongata media a vertice inter oculos ad frontem provecta, altera utrinque minori post oculos, punctoque ad antennarum insertionem nigris. Oculi profunde emarginati testacei. Clypeus immaculatus. Labrum basi nigrum. Mandibulae apice nigrae. Palpi testacei. Antennae compressae, subserratae, articulis quatuor prioribus testaceis, antice ferrugineis, insequentibus sex brunneis, ultimo ochraceo. Thorax immaculatus. Pectus postice nigrum. Abdomen obscure testaceum, segmentis pallido-marginatis. Scutellum nigrum. Elytra punctata rufo-testacea, macula magna humerali, puncto disci, sutura, margine externo tenuissimo, postico latissimo nigris. Femora immaculata. Tibiae dorso nigrae. Tarsi nigri. Femora postica parum incrassata. Tibiae vix incurvae.

Von Cametá in Brasilien. Vier Linien lang. Körper flachgedrückt, blaſs bräunlichgelb, glänzend. Kopf in der Mitte schwach punktirt. Vom Scheitel bis zur Stirn ein schwarzer länglicher Fleck. Schwarz ist noch zu jeder Seite die Gegend hinter den Augen und ein Punkt an der Einlenkung der Fühler. Die Augen sind tief ausgerandet, blaſsbräunlich. Die Fühler zusammengedrückt. etwas gesägt, die vier ersten Glieder gelb, vorn braun, die sechs folgenden matt blaſsbraun, das letzte ockergelb. Der Kopfschild ungefleckt. Die Lefze an der Wurzel, Mandibeln an der Spitze schwarz. Freſsspitzen gelblich. Das Rükkenschild ist durchaus einfarbig. Die Brust nach hinten schwarz, der Hinterleib dunkler als das Rückenschild, die Bauchsegmente hell gerandet. Das Rükkenschildchen schwarz. Die Deckschilde deutlich und einzeln punktirt, röthlichgelb. Schwarz sind ein groſser Schulterfleck, ein Punkt in der Mitte, die Nath, eine feine Linie am äuſsern Rande und ein breiter Saum an der Spitze. Die Beine sind blaſs röthlichgelb, die Schenkel ungefleckt, die Schienen oben schwarz gerandet, die Fufsglieder oben schwarz. Die Hinterschenkel sind nur wenig verdickt, die hintersten Schienen kaum deutlich gekrümmt.

21. *Megalopus dentatus.*

Tab. V. Fig. 5.

Megalopus testaceus, capite postice, thorace macula, elytris lineola maculisque nigris. Long. lin 4¼.

Habitat in Brasilia. Ex Museo D^i^. de Winthem.

Affinis Megalopo depresso. Caput nigrum, sub oculis testaceum. Labrum nigrum apice testaceum. Palpi pilosi testacei. Mandibulae apice nigrae. Antennae thorace longiores, compressae, serratae, brunneae, basi nigrae. Thorax planus, vage punctatus, rufo testaceus, macula media, in nonnullis geminata, nigra. Scutellum nigrum. Elytra punctata pallida, macula lineari axillari subflexuosa aut interrupta, lineola media maculaque ad apicem nigris. Pectus nigrum, medio rufo-testaceum. Abdomen pedesque testacea. Tibiae posteriores incurvae, dorso nigrae. Femora postica dilatata subclavata basi flava, ante apicem acute dentata aut subdentata.

Aus Brasilien. Länge 4¼ Linien. Dem Megalopus depressus sehr ähnlich. Der Kopf schwarz, unter den Augen röthlichgelb. Die Lefze schwarz mit gelblicher Spitze. Die Fresspitzen behaart und gelblich. Die Fühler zusammengedrückt, allmählig breiter auslaufend, sind bräunlich, die vier ersten Glieder glänzend schwarz, die zunächst folgenden auf der obern Seite mattschwarz. Das Rückenschild ist hin und wieder punktirt, glänzend rothgelb. Nur in der Mitte steht ein schwarzer Doppelfleck. Das Schildchen ist schwarz. Die Decken sind punktirt, blafsgelb. Vom Schulterwinkel steigt am Aufsenrande abwärts ein länglicher, in der Mitte unterbrochener, schwarzer Fleck oder Binde. Vor diesem befindet sich in der Mitte der Deckschilde eine feine schwarze Linie und an der Spitze steht ein runder schwarzer Fleck. Die Brust ist schwarz, die vorragende Mitte aber röthlichgelb. Bauch und Beine sind röthlichgelb, die hinteren Schienen gekrümmt, oben schwarz. Die hintersten Schenkel sind verdickt an der Wurzel blafsgelb und vor der Spitze mit einem kurzen, zusammengedrückten, etwas gekrümmten und spitzen Zahn bewaffnet.

22. *Megalopus binotatus.*

Tab. V. Fig. 6.

Megalopus depressus, testaceus, occipite, thoracis macula, elytrorum humeris lineolaque media nigris. Long. lin. $4\frac{1}{2}$.

Habitat in Brasilia. Misit Feldner.

Similis praecedenti. Caput rufo-testaceum occipite, macula frontali continua punctoque utrinque ad antennarum insertiones nigris. Clypeus medio, labrum basi, mandibulae apice nigra. Antennae thorace longiores, compressae, brunneae, basi et dorso nigrae. Thorax planus subquadratus, vage punctatus, rufo-testaceus, macula media nigra. Scutellum nigrum. Elytra marginata, punctata, testacea, macula humerali subtrigona lineolaque media nigris. Pectus abdomenque testacea. Pedes testacei tibiis dorso nigris. Femora postica incrassata.

Aus Brasilien; 4½ Linien lang. Sehr ähnlich der vorbeschriebenen Art. Kopf und Rückenschild sind blafs braungelb. Hinterkopf und mittlere Stirn, ein Punkt vor den Augen, ein Mittelfleck des Kopfschildchen, die Wurzel der Lefze und die Spitzen der Frefszangen sind schwarz. Die Fühler sind zusammengedrückt und länger als das Rückenschild, bräunlich an der Wurzel und oben schwarz. Auf dem Rückenschild, welches einzeln punktirt und glänzend ist, befindet sich in der Mitte ein schwarzer Fleck. Das Schildchen ist schwarz. Die Deckschilde sind gerandet, punktirt und blafsgelblich, bezeichnet mit einem Schulterfleck und in der Mitte einer kaum merklich schräg nach innen sich neigenden, etwas gebogenen Linie von schwarzer Farbe. Die untere Seite des Körpers ist, wie die Beine blafsgelb. Die Schienen sind oben schwarz gerandet, die hintersten etwas gekrümmt, die Hinterschenkel oben verdickt.

23. *Megalopus frontalis.*

Tab. V. Fig. 7.

Megalopus depressus rufus, capitis macula transversa, elytrorum fascia postica, pedumque posticorum tibiis tarsisque nigris. Long. lin. 4½.

Patria: Cametà Brasiliae. Misit Sieber. Ex Museo Comit. de Hoffmannsegg.

Statura praecedentis. Caput occipite verticeque punctatis rufum fascia inter oculos latissima nigra. Antennae compressae nigrae. Mandibulae apice nigrae. Oculi prominuli fusci. Thorax planus postice utrinque subimpressus vage punctatus immaculatus rufus. Pectus abdomenque rufa. Segmenta ventralia apice dilutiora. Anus rufescenti-pilosus. Scutellum rufum. Elytra marginata, punctata, rufa, ante apicem nigra. Pedes rufi, tibiis tarsisque posticis nigris. Femora parum incrassata. Tibiae incurvatae.

Von Cametà in Brasilien. 4½ Linien lang. Flach, wie die vorhergehende Art. Braunroth. Hinterkopf und Scheitel punktirt. Zwischen den Augen eine breite schwarze Binde. Fühler zusammengedrückt, schwarz. Freſszangen mit schwarzen Spitzen. Augen etwas hervorstehend blaſsbraun. Bruststück hinterwärts an den Seiten ein wenig eingedrückt, überall schwach und einzeln punktirt, gleich Brust und Rückenschildchen einfarbig und ungefleckt. Die Abschnitte des Hinterleibes roth, an der Spitze blaſs. After röthlich behaart. Deckschilde gerandet, punktirt. Vor der Spitze eine breite schwarze Binde. Beine roth. Schienen und Fuſsglieder der hintersten Beine schwarz. Hinterschenkel nur wenig verdickt.

24. *Megalopus bicolor.*

Tab. V. Fig. 8.

Megalopus depressus, rufus, capite nigro-maculato, elytris dimidiato-nigris. Long. lin. 4½.

Habitat in Brasilia. Misit Dr. de Olfers.

Megalopo frontali proximus. Rufus, nitidus. Vertex utrinque punctatus, fascia inter oculos nigra. Mandibulae apice nigrae. Antennae compressae nigrae. Oculi fusci. Thorax antice posticeque utrinque productus, postice subimpressus, dorso vage punctatus, immaculatus. Pectus abdomenque testacea. Scutellum rufum. Elytra marginata impresso-punctata, nigra, basi rufa. Pedes rufi, posticorum femora subincrassata, tibiae incurvae apice nigrae, tarsi nigri, unguli ferruginei.

Vaterland: Brasilien. Länge: $4\frac{1}{2}$ Linien. Flach gedrückt, roth, glänzend. Am Kopf zwischen den Augen eine breite schwarze Binde. Freſszangen mit schwarzen Spitzen. Fühler zusammengedrückt, schwarz. Augen schwärzlich. Die Winkel des Rükkenschildes vorgezogen, der Rücken punktirt. Brust und Hinterleib blaſs gelbröthlich. Rückenschildchen roth. Deckschilde mit aufgeworfenem Seitenrande, deutlich punktirt, die vordere Hälfte roth, die hintere schwarz. Beine roth. An den hintersten die Schenkel etwas verdickt, die Schienen an der Spitze, die Fuſsglieder gänzlich schwarz, die Klauen braun.

25. *Megalopus dimidiatus.*

Tab. V. Fig. 9.

Megalopus depressus rufus, capite toto, elytrorum parte postica pedumque posticorum tibiis tarsisque nigris. Long. lin. 4.

Patria: Bahia in Brasilia. Misit Sello.

Affinis praecedentibus. Vertex utrinque punctatus. Antennae compressae breves. Palpi ferruginei. Oculi prominentes testacei. Thorax antice utrinque productus postice impressus, planus, glaberrimus rufus. Pectus scutellumque rufa. Abdomen pallidum. Elytra punctata, nitida, nigra, basi rufa. Pedes rufi, tibiis tarsisque posticis nigris. Femora postica parum incrassata.

Von Bahia in Brasilien. Vier Linien lang. Flach. Kopf einfarbig schwarz, glänzend. Scheitel an den Seiten punktirt. Fühler zusammengedrückt, von geringer Länge. Freſsspitzen braunroth. Augen hervorstehend, blaſsbräunlich. Rückenschild am vordern Rande zu jeder Seite etwas vorgezogen, hinterwärts an den Seiten eingedrückt, flach und glatt, sammt Brust und Rückenschildchen einfarbig braunroth. Hinterleibssegmente blaſs. Deckschilde punktirt, gelb-roth, die gröſsere hintere Hälfte schwarz. Beine roth. An den hintersten die Schenkel wenig verdickt, Schienen und Fuſsglieder schwarz.

26. *Megalopus abdominalis.*

Tab. VI. Fig. 1.

Megalopus depressus, niger, elytris abdomineque rufis. Long. lin. $4\frac{1}{2}$.

Habitat in Brasilia. Misit Dr. de Olfers.

Caput aterrimum, nitidum. Vertex utrinque punctatus. Antennae apice compressae. Labrum fusco-marginatum. Thorax marginibus tam antico quam postico utrinque productis, postice subimpressus, totus aterrimus. Pectus scutellumque nigra. Abdomen rufum. Elytra punctata, rufa, basi inter scutellum angulumque externum nigra. Pedes unicolores nigri. Femora postica vix incrassata.

Aus Brasilien. Länge $4\frac{1}{2}$ Linien. Körper sehr flach, Hinterleib und Deckschilde ausgenommen, schwarz. Der Scheitel an den Seiten punktirt. Die Fühler an der Spitze zusammengedrückt. Die Winkel des Rückenschildes vorgezogen. Deckschilde punktirt, an der Wurzel zwischen dem Schulterwinkel und dem Schildchen schwarz. Hinterschenkel kaum verdickt.

27. *Megalopus bipunctatus.*

Tab. VI. Fig. 2.

Megalopus rufus, thorace punctis duobus, elytris puncto nigris. Long. lin. 5.

Habitat in Brasilia. Misit Dr. de Olfers.

Caput vage punctatum, rufum, clypeo, labro palpisque testaceis. Vertex macula media fusca. Mandibulae apice nigrae. Antennae compressae nigrae articulis duobus prioribus subtus rufis. Oculi fusci. Thorax subquadratus antice angustior, utrinque productus, dorso punctatus, medio nigro-bipunctatus, subtus utrinque nigro maculatus. Pectus nigrum. Abdomen rufum. Anus fulvo-subpilosus. Scutellum punctatum rufum. Elytra punctata rufa, medio puncto nigro notata. Pedes nigri, femoribus anticis, tibiisque omnibus subtus rufis. Plantae fulvae. Femora postica incrassata.

Aus Brasilien. Fünf Linien lang. Kopf roth, einzeln punktirt, Schildchen, Lefze und Frefsspitzen hell röthlichgelb. Auf dem Scheitel ein dunkler Fleck. Die Frefszangen mit schwarzen Spitzen. Fühler zusammengedrückt schwarz, die beiden ersten Glieder unten roth. Augen blafsbraun. Rückenschild vorn etwas enger, an den Seiten vorgezogen oben punktirt mit zwei neben einander stehenden schwarzen Punkten, aufsen an den Seiten mit einem schwarzen Fleck. Brust schwarz. Hinterleib roth. After gelbröthlich behaart. Rückenschildchen punktirt, roth. Deckschilde stark punktirt, schön roth, in der Mitte eines jeden ein schwarzer Punkt. Beine schwarz, die untere Seite der Schienen und der vordersten Schenkel roth; die Sohlen gelbroth. Die hintersten Schenkel verdickt.

28. *Megalopus curvipes.*

Tab. VI. Fig. 3.

Megalopus subferrugineus, fronte, thoracis macula, elytris, basi excepta, tibiisque posticis nigris. Long. lin. $4\frac{1}{4}$.

Clythra curvipes Fabr. Syst. Eleuth. II. p. 29. n. 4. Schönherr Synonymia Ins. I. 2. p. 344. n. 4.

Habitat in America meridionali. Descr. secundum specimen Mus. Regii Havniensis.

Corpus depressum, ferrugineum, nitidum, nigromaculatum. Caput punctatum, clypeo labroque flavescentibus, mandibulis porrectis flavescentibus apice nigris. Frons inter antennas nigra. Occiput rufoferrugineum. Antennae compressae vix thorace longiores nigrae. Thorax dorso planus, punctatus, ferrugineus, medio fuscus. Scutellum ferrugineum. Elytra plana distincte impresso-punctata marginata nigra, basi ferruginea, humeris tamen obscurioribus subfuscis. Pectus abdomenque flavo-ferruginea. Pedes flavo ferruginei, posticorum femora subincrassata, tibiae incurvatae cum tarsis nigrae.

Aus dem südlichen Amerika. $4\frac{1}{4}$ Linien lang. Flach, hellbraun, der Kopf vorn hell, fast gelb, hinten dunkel rothbraun, zwischen den Augen schwarz, die Freſszangen rothgelb mit schwarzen Spitzen. Die Fühler, kaum länger als das Rückenschild, flach gedrückt, nach der Spitze etwas verdickt, schwach gesägt und schwarz. Das Rückenschild flach, schwach punktirt, glänzend rothbraun, mit einem nicht deutlich begränzten dunkleren, beinah schwarzen Mittelfleck. Das Schildchen gefärbt wie der übrige Körper. Die Deckschilde stärker punktirt, sind fast bis zur Wurzel hin schwarz. Braunroth gefärbt sind der Theil zunächst am Rückenschild besonders aber die Gegend am Rückenschildchen und die Schultern. Brust und Bauch sind gelbbraun. Eben so gefärbt sind auch die Beine mit Ausnahme der hintersten Schienen und Fuſsglieder, welche schwarz sind. Die hintersten Schenkel

sind

sind kaum verdickt, die Schienen aber deutlich gekrümmt.

29. *Megalopus tibialis.*

Tab. VI. Fig. 4.

Meg. flavo-ferrugineus, fronte, thoracis dorso, elytrorum macula humerali fasciaque nigris. Long. lin. 4¼.

Clythra tibialis Fabr. Syst. Eleuth. II. p. 29. n. 5. Schönherr Syn. Ins. I. 2. p. 344. n. 5.

Habitat in America meridionali. Fabr. l. c. Descr. sec. specimen Mus. D. de Sehestedt nunc Regii Havniensis.

Statura praecedentis. Caput punctulatum ferrugineum, clypeo labroque flavescentibus, fronte inter oculos maculaque parva occipitali triangulari nigris. Mandibulae porrectae nigrae, basi flavescentes. Antennae vix thorace longiores, compressae, nigrae. Thorax sparsim punctulatus flavo-ferrugineus, s. rufo-testaceus dorso niger. Scutellum rufo-testaceum medio nigrum. Elytra punctata testacea, macula magna humerali fascia ante apicem margineque nigris. Pectus abdomenque flavescentia. Pedes rufo-testacei tibiis dorso tarsisque nigris. Femora postica subincrassata. Tibiae incurvatae.

Aus Südamerika. 4¼ Linien lang. Gestalt der vorhin beschriebenen Art. Die Farbe hell gelblichbraun. Die Stirn und ein dreieckiger Fleck am Hinterhaupt schwarz. Die Mandibeln an der Spitze schwarz, an der Wurzel gelblich. Die Fühler zusammengedrückt, kaum länger als das Rückenschild, von schwarzer Färbung, dieses mit einem grofsen, beinah viereckigen schwarzen Mittelfleck. Das Schildchen schwarz mit bräunlichem Rande. Die Deckschilde stark punktirt. Ein grofser Schulterfleck, eine breite Binde vor der

Spitze, so wie der Rand schwarz. Brust und Bauch heller gefärbt. Die Schienen gekrümmt, oberhalb schwarz. Die Fuſsglieder schwarz. Die Hinterschenkel etwas verdickt.

30. *Megalopus curvatus.*

Tab. VI. Fig. 5.

Megalopus flavo-ferrugineus, fronte, thoracis macula, elytrorum humeris, fascia apiceque nigris. Long. lin. 3¼.

Clythra curvata Fabr. Syst. Eleuth. II. p. 29. n. 3. Schönherr Syn. Ins. I. 2. p. 344. n. 3.

Habitat in America meridionali. Fabr. l. c. Descr. secundum specimen Musei Regii Havn., olim Mus. Lund et de Sehestedt.

Statura praecedentium. Caput ferrugineum, macula parva occipitali fasciaque inter oculos nigris, clypeo labroque flavescentibus. Mandibulae apice nigrae. Antennae vix thorace longiores subserratae nigrae, articulo primo ferrugineo. Thorax punctulatus ferrugineus, macula magna media baseos nigra. Scutellum laeve ferrugineum. Elytra punctata flavescentia apice maculaque humerali cum fascia media transversa ante marginem exteriorem parum angustiore cohaerente nigris. Pectus abdomenque flavo-ferruginea. Pedes ferruginei, tibiis anterioribus extus, posticis totis tarsisque nigris. Femora postica parum incrassata.

Aus Südamerika. Länge 3¼ Linien. Gestalt der vorhergehenden Arten. Farbe blaſs gelblichbraun. Am Hinterkopf ein kleiner Fleck, zwischen den Augen eine Stirnbinde von schwarzer Farbe. Mandibeln gelblich mit schwarzen Spitzen. Fühler kaum länger als das Rückenschild, zusammengedrückt, etwas gesägt, schwarz, das erste Glied braun, das Rückenschild schwach punktirt, braun, mit einem schwarzen Mittelfleck an der Basis. Schildchen einfarbig braun. Deckschilde deutlich punktirt, heller gefärbt, mit schwarzen Spitzen. Ein Schulterfleck, zusammenhängend mit einer vor dem Aufsenrande verschmälerten, an der Nath breiteren, durch die Mitte der Deckschilde hinlaufenden Queerbinde, sind gleichfalls von schwarzer Farbe. Brust und Bauch sind einfarbig blafs gelblichbraun, die Beine braun, die vordern Schienen an der äufsern Seite, die hintern, so wie sämmtliche Fufsglieder, durchaus schwarz; die Hinterschenkel etwas verdickt.

31. *Megalopus obliquus.*

Tab. VI. Fig. 6.

Megalopus flavescens, fronte macula media, thorace maculis quatuor, elytris fasciis tribus apiceque fuscis. Long. lin. 4.

Clythra obliqua Fabr. Syst. Eleuth. II. p. 29. n. 6. Schönherr Syn. Ins. I. 2. p. 344. n. 6.

Habitat in America meridionali. Fabr. l. c. Descriptio sec. Specimen Mus. de Sehestedt nunc Regii Havn.

Statura fere praecedentium. Color fere flavus. Caput macula media frontali fusca. Labrum pallidum, basi fuscum. Mandibulae pallidae apice nigrae. Antennae thorace longiores subserratae brunneae, dorso fuscae, articulis quatuor prioribus flavis dorso ferrugineis. Thorax punctulatus nigro-quadri-maculatus. Scutellum ferrugineum medio fuscum. Elytra punctata, nigro-marginata, macula humerali fasciaque obliqua baseos contiguis, fascia obliqua pone medium, macula transversa ante apicem apiceque fuscis. Pectus abdomenque flavescentia. Pedes flavescentes, tibiis tarsisque dorso ferrugineis. Femora postica parum incrassata.

Aus Südamerika. Vier Linien lang. In der Gestalt übereinstimmend mit den vorhergehenden Arten. Farbe bräunlichgelb. Auf der Stirn ein dunkler Mittelfleck. Die Lefze blafsgelb am Grunde schwärzlich. Die Frefszangen blafs mit schwarzen Spitzen. Die Fühler länger als das Rückenschild, gedrückt, etwas gesägt, sind blafsbraun, nach oben dunkler. Die vier ersten Glieder sind auf der unteren Seite gelb. Auf dem Rückenschild finden sich neben einander vier runde braunschwarze Flecken. Das Schildchen ist braun, in der Mitte dunkler. Die Deckschilde sind punktirt, schwarz gerandet, mit vier braunschwarzen Binden; die erste, verbunden mit einem Schulterfleck, steigt von diesem nach innen aufwärts und endigt am vordern Rande dicht vor dem Rückenschildchen; die zweite, etwas über der Mitte, hat dieselbe schräge Richtung; die dritte, unterhalb der Mitte, gleicht einem grofsen Fleck; die vierte nimmt die äufserste Spitze der Deckschilde ein. Brust und Bauch sind blafsgelblich, die Beine gelblich, Schienen und Fufsglieder am Aufsenrande braun. Die Schienen sind gekrümmt, die hintersten Schenkel etwas verdickt.

Chlamys.

C h l a m y s.

Chlamys Knoch (n. Beytr. zur Insektenkunde). Latreille (Genera Crust. et Insect. III. Considerations génér. etc. Régne animal). Illiger (Magazin fur Insektenk.). Olivier (Entomologie. Nouveau dict. d'hist. natur.) Schönherr (Synonymia Insect.). Dumeril (Dict. des Sciences natur.). *Clythra* Fabr. (Syst. Eleuth. Entom. syst. suppl.). Coquebert (illustrat. iconogr.). Olivier (Encyclopédie). *Bruchus* Fabr. (Syst. Eleuth. Ent. syst. emend.). Olivier (Encyclopedie).

Eine ausführliche Beschreibung der Gattung finden wir in den oben angeführten neuen Beiträgen des sehr unterrichteten und genauen Beobachters, welcher zuerst die Gattung aufgestellt hat. Zur Ergänzung dient, was Latreille hinsichtlich der Fühler und der sie verbergenden Brustfurche (Gen. Crust. a. a. O.) gesagt hat. Zu erinnern ist noch, daſs die Palpi labiales nicht eigentlich furcati heiſsen können und selbst die gröſsten Arten deutlich sichtbar nur einen Queereindruck oder einen, jedoch nicht tiefen Queereinschnitt im letzten Gliede der Taster haben. Die Mundtheile fand ich bei sehr vielen, die ich untersuchte, wie nachfolgende kurze Beschreibung sie angiebt:

Labrum quadratum, integrum.

Mandibulae breves, crassae, intus concavae, apice oblique truncatae, emarginatae, bidentatae.

Maxillae apice membranaceae, compressae elongatae, ciliatae.

Labrum brevissimum integrum.

Palpi breves

maxillares quadriarculati, articulo primo minimo, secundo tertioque cylindricis, quarto latiori subcompresso;

labiales breviores, triarticulati, articulo primo brevissimo, secundo cylindrico, tertio ovato.

Der innere Rand der Deckschilde ist gewöhnlich, doch nicht überall, fein gezahnt. Die Zahl der beschriebenen Arten ist durch die nachfolgende Zusammenstellung ansehnlich vermehrt worden. Chlamys impressa und cristata erhielt ich zur Ansicht aus dem Königl. dänischen Museum in Copenhagen, der ehemaligen Lund-Sehestedtschen Sammlung. Die hiesige Sammlung verwahrt von Chlamys nicht weniger als 60 Arten von welchen 56 aus Brasilien, bei weitem die mehresten durch Herrn Legationsrath Dr. v. **Olfers** und den fleifsigen **Sello** gesammelt, die andern aus Nordamerika sind.

Aufserdem zeichnet sich eine merkwürdige Art, deren Vaterland nicht genau angegeben ist, und welche **Sieber** nach seiner Rückkehr von Brasilien in London für den Graf von **Hoffmannsegg** eingetauscht hat, durch verdickte Hinterschenkel und sehr lange Fühler, welche selbst die Körperlänge übertreffen, aus. Die Fühlerglieder sind lang, cylindrisch, und das letzte kürzer und an der Spitze etwas verdickt. Das dritte, vierte, fünfte und sechste Glied sind auf der untern Seite mit sehr feinen, etwas gekrümmten Härchen dicht besetzt. Ob sie, wie bei Chlamys in eine Brustfurche sich einfügen, liefs sich bei dem ausgebreiteten Stück nicht mehr deutlich erkennen. Graf v. Hoffmannsegg hatte dieses Insect mit dem Namen *Caloscirtes testaceus* vorläufig bezeichnet, mithin als eigene neue Gattung betrachtet. Ich habe aufser der schon angegebenen Beschaffenheit der Fühler und Hinterschenkel keine unterscheidenden Merkmale von Chlamys auffinden können, und bei der im Uebrigen der Körperbildung so auffallenden Annäherung an Chlamys sie um so weniger davon trennen mögen, als sicher auch das Vorkommen einer einzelnen springenden Galleruca die Trennung derselben und Gründung der Gattung Haltica nicht veranlafst haben würde. Abgesondert von den übrigen habe ich sie am Ende als Chlamys braccata beschrieben.

1. *Chlamys monstrosa.*

Chlamys cyanea, thorace medio elevato gibboso, gibbere plano cicatricoso, quadri-dentato, elytris punctatis plicato-rugosis, basi tuberculatis. Long. lin. 5—6.

Clythra monstrosa Fabr. entom. syst. suppl. p. 111. n. 9. Syst. Eleuth. II. p. 33. n. 19.

Chlamys monstrosa Olivier Entomol. VI. 96. p. 875. n. 1. Pl. I. Fig. 1. Schönherr syn. Ins. I. 2. p. 343. n. 3.

Habitat in Brasilia (Cayennae. Ol. Fabr. l. c.).

Maxima, subquadrata, cyanea. Caput punctatum, inter oculos planum, subtilissime striatum punctis duobus in fronte impressis. Antennae serratae, thorace breviores fuscae, basi cyaneae. Oculi fusci, subtilissime reticulati. Labrum ferrugineum. Mandibulae nigrae. Palpi nigri, articulo ultimo apice ferrugineo. Thorax subtilissime striolatus medio in tuberculum holosericeum, subquadratum, punctis sulculisque impressis confluentibus scabrum, utrinque, antice obtusius postice acutius spinosum elevatus, postice productus, sinuatus, sinu angustissimo. Pectus abdomenque punctata cyanea unicoloria medio pilis brevibus incumbentibus argenteis micantia. Scutellum transversum, immersum, subquadratum, laeve, basi tuberculatum, tuberculo parvo lineari thoracis sinum occupante. Elytra lineis elevatis abbreviatis longitudinalibus et transversis arcuatis concatenatis foveolisque impressis inaequalia, basi tuberculata, tuberculo medio elevatiori, distinctiori; margine interno apice serrato. Pedes cyanei, plantis fuscis.

Aus Brasilien. Von beinah viereckiger Gestalt. Die gröfste der bekannten Arten (5 bis 6 Linien lang). Ueberall lebhaft dunkelblau, zuweilen grünlichblau. Kopf punktirt, zwischen den Augen etwas vertieft, sehr fein gestrichelt. An der Stirn zwei eingedrückte Punkte. Die Lefze braun, die Frefszangen schwarz, die Frefsspitzen schwarz, mit braunem Endpunkt, die Fühler gesägt, kürzer als das Rückenschild, die ersten Glieder blau, die übrigen dunkelbraun, fast schwarz. Die Augen dunkel sehr fein gegittert. Das Rückenschild aufs feinste gestrichelt. In der Mitte ein fast viereckiger, sammetartig erscheinender starker Höcker, uneben durch eine Menge punkt- und linienförmiger in einander laufender Vertiefungen, an den Seiten sowohl hinten als vorn zugespitzt, die vordere Spitze stumpfer und breiter, die hintere schärfer und deutlicher. Nach hinten ragt das Rukkenschild hervor, ist jedoch in der Mitte mit einer im Verhältnifs sehr schmalen Vertiefung versehen. Brust und Hinterleib tragen vertiefte Punkte. Die Mitte des Brusttheils und der Rand der Aftergrube sind mit dicht anliegenden silberfarbenen Härchen besetzt. Das Rückenschildchen ist queer gezogen, fast viereckig, etwas tief liegend, glatt. In die Bucht am hintern Rande des Rückenschildes tritt eine kleine linienförmige Erhabenheit. Die Deckschilde sind sehr uneben, besonders durch netzförmig sich verbindende sowohl nach der Länge als Breite der Deckschilde scharf erhabene abgebrochene Linien. Zwischen ihnen liegen Vertiefungen und einzelne eingedrückte Punkte. An der Basis finden sich Höcker, zwei von geringer Bedeutung zu jeder Seite, einer in der Mitte, der höher und schärfer zugespitzt ist. Die Nath ist nach der Spitze hin deutlich gekerbt. Die Beine sind wie der Körper gefärbt, die Sohlen mit braungrauem Filz bedeckt.

2. *Chlamys violacea.*

Chlamys violacea, thorace elytrisque punctatis tuberculatis. Long. lin. $3\frac{1}{2}$—4.

Habitat in Parà Brasiliae. Misit Sieber. Ex Museo Comit. de Hoffmannsegg.

Affinis Chlam. monstrosae. Caput inter oculos planum, cyaneum. Labrum ferrugineum. Mandibulae nigrae. Antennae thorace breviores, serratae, rufae, articulo primo dorso cyaneo. Oculi fusci. Thorax cyaneus, lateribus viridi-cyaneis, nitidissimus, medio in tuberem dorso planum striolatum, utrinque foveolatum et trituberculatum elevatus, postice productus, angustissime sinuatus. Pectus abdomenque punctata, cyanea aut viridi-cyanea, sterno et fossa anali pilis brevissimis adjacentibus argenteis micantibus. Scutellum transversum subquadratum immersum laeve, basi lineola media elevata, abbreviata. Elytra cyanea, lateribus violacea, sparsim punctata, tuberculata, tuberculis inaequalibus conicis acutis, singulis, majori ad basin intermedio, reliquis brevioribus, carinatis, et lineolis elevatis invicem junctis. Margo elytrorum internus ad apicem crenatus. Pedes cyanei, plantis tomento fuscescenti sericeo tectis.

Von Parà in Brasilien. Kleiner als die vorhergehende Art (Länge 3½ bis 4 Linien). Lebhaft blau mit bald grün- bald violet-blauem Schiller. Die Stirn flach, die Lefze braunroth, die Freſszangen schwarz. Die Augen erscheinen blaſsbraun. Die Fühler sind kürzer als das Rückenschild, gesägt, braunroth, das Wurzelglied auf der oberen Seite blau. Das Rückenschild an den Seiten sehr glänzend erhebt sich in einen metallglänzenden, in der Mitte gestrichelten, an den Seiten in drei stumpfe Spitzen auslaufenden, dazwischen mit eingedrückten Grübchen bezeichneten Höcker. Hinten ist das Rückenschild zwischen die Deckschilde herein vorgezogen, mit einer schmalen Bucht zur Aufnahme der linienförmigen Erhabenheit des Rückenschildchen. Brust und Hinterleib haben eingedrückte Punkte und in der Mitte einen leichten schillernden Ueberzug kurzer silberglänzender Härchen. Die Deckschilde sind einzeln punktirt und mit kegelförmigen Erhabenheiten von ungleicher Gröſse besetzt. Gröſser ist die mittlere an dem Grundtheil der Deckschilde. Die andern sind kleiner, an der vordern Seite leicht ausgehölt, oft zusammenhängend und vornemlich von der Mitte an durch linienförmige Erhabenheiten verbunden. Die Nath ist deutlich gekerbt. Die Beine haben die Farbe des Körpers. Die Sohlen tragen einen Haarfilz von hell graubräunlicher Farbe.

3. *Chlamys bacca.*

Chlamys atra, thorace striato quadri-tuberculato elytrisque punctatis tuberculatis cupreo-auratis, femoribus cupreo-purpureis. Long. lin. 4.

Chlamys bacca Kirby transact. of the Linnean Society. Vol. XII. p. 446. n. 93.

Habitat in Brasilia. Misit Dr. de Olfers.

Statura praecedentium. Caput planum, fronte immersa striolata, clypeo punctato. Labrum ferrugineum. Mandibulae nigrae. Antennae thorace breviores, subserratae ferrugineae articulo primo supra cupreo. Oculi fusci. Thorax dorso elevatus, gibbere subquadrato medio exarato striolato utrinque sub-trituberculato, postice nigricans, medio productus angustissime sinuatus. Pectus et abdomen punctata atra pilis incumbentibus argenteis submicantia. Scutellum subquadratum, subemarginatum, utrinque marginatum, marginibus lineolaque elevata abbreviata baseos nigris. Elytra tuberculata, inter tubercula punctata, tuberculis in singulo elytro duodecim inaequalibus, aut conicis acutis, aut subacutis antice concavis et concatenatis. Margo elytrorum internus apice crenatus. Pedes purpurei, femoribus subtus cupreo-purpureis.

Aus Brasilien. Vier Linien lang und wie die vorhergehende Art gestaltet. Oben durchaus die brennendste Kupferfarbe, unten schwarz, ins purpurfarbene sich neigend. Der Kopf flach, die Stirn eingedrückt, gestrichelt, das Schildchen punktirt. Die Lefze rothbraun, die Freſszangen schwarz. Die Fühler kürzer als das Rückenschild und etwas gesägt, sind von braunrother Farbe. Nur das erste Glied ist oben kupfrig. Die Augen sind schwärzlich. Das Rückenschild von dunklem Feuerglanz, erhebt sich in einem breiten Buckel, dessen fein gestrichelte mittlere Vertiefung an den Seiten durch einen dreispitzigen Höcker begränzt ist. Hinten ist das Rükkenschild schwärzlich, vorgezogen, schmal und nicht sehr tief ausgerandet. Brust und Hinterleib sind voll eingedrückter Punkte, die zum Theil kurze silberglänzende Härchen tragen. Das Rückenschildchen ist beinah viereckig, hinten schwach ausgerandet, an den Seiten mit erhabenem schwärzlichem Rande. Von dem Grunde reicht bis zur Hälfte eine linienförmige ebenfalls dunklere Erhabenheit. Die Deckschilde sind einzeln und tief punktirt, sehr höckrig, die Erhabenheiten kegelförmig, zugespitzt, die mehresten an der vorderen Seite ausgehölt, unter einander durch auslaufende erhabene Linien verbunden. Der innere Rand ist auch hier nach der Spitze hin deutlich gezahnt. Die Beine haben die Farbe des Hinterleibes und nur die Schenkel zeigen auf der untern Fläche einen dunkel kupferrothen Feuerglanz.

4. *Chlamys cuprea.*

Chlamys subtus violacea, dorso cuprea, thorace elytrisque tuberculatis. Long. lin. 4—5.

Habitat in Brasilia. Misit Dr. de Olfers.

Praecedenti similis. Obscure cuprea, pectore ventreque purpurascentibus. Caput antice excavatum, subtilissime striolatum, clypeo punctato, emarginato nigro - marginato. Labrum ferrugineum. Mandibulae nigrae. Antennae thorace breviores, subserratae rufae, articulo primo punctato cupreo, secundo tertioque dorso macula nigricanti notatis, rarius immaculatis. Oculi fusci. Thorax medio gibbus, gibbere utrinque trituberculato, punctato, medio exarato laevi, postice productus, emarginatus. Pectus abdomenque punctata cuprea, nonnullis purpurascentia, aliis coerulescentia. Scutellum subquadratum impressum laeve utrinque elevatum, antice productum subcarinatum. Elytra subtilissime striolata, sparsim impresso - punctata, tuberculata, tuberculis conicis acutis in quovis elytro sedecim aliis singulis altioribus, aliis basi exarata dilatata junctis. Margo internus nigricans ad apicem crenatus. Pedes obscure cuprei, punctati, plantis tomentosis, fuscescentibus.

Aus Brasilien. Vier bis fünf Linien lang. Sehr ähnlich der vorher beschriebenen Art, von dunkler Kupferröthe, an der untern Seite ins Purpurfarbene, bei einigen ins Blaue sich neigend. Der Kopf etwas ausgehölt und fein gestrichelt, hat ein schwach ausgerandetes, schwarz begränztes Schildchen, eine braunrothe Lefze, schwarze Fresszangen und Fühler, die kürzer als das Rückenschild, gesägt und rothgefärbt, deren erstes Glied punktirt und kupferfarben, das zweite und dritte gewöhnlich oben schwarz gefleckt sind. Die Augen erscheinen dunkel. Das Rückenschild erhebt sich in einen Höcker, der punktirt, zu jeder Seite mit drei Spitzen versehen, in der Mitte der Länge nach gefurcht ist. Nach hinten ist das Schild vorgezogen und ausgeschnitten. Das Schildchen ziemlich viereckig, liegt tief, ist glatt, mit aufgeworfenem Seitenrande, nach vorn mit einer kleinen Erhöhung in den Einschnitt des Rückenschildes verlaufend. Die Deckschilde sind höchst fein gestrichelt, dazwischen deutlich punktirt, stark höckrig, die Erhabenheiten kegelförmig zugespitzt, einige einzeln stehend, andere von geringerer Höhe ausgehöhlt, an der Grundfläche verlaufend und gegenseitig verbunden. Der Innenrand ist dunkel gefärbt, aufgeworfen und nach der Spitze scharf gekerbt. Die Beine sind punktirt, dunkel kupferfarben, die Sohlen mit hell graubräunlichem Filz bedeckt.

5. *Chlamys hispidula.*

Chlamys cuprea, thorace elytrisque punctatis tuberculatis. Long. lin. 2—2½.

Patria: Montevideo Brasiliae. Misit Sello.

Similis proxime praecedentibus, minor tamen et tota pallide cuprea. Caput obsolete punctatum, labro luteo. Mandibulae nigrae. Antennae thorace breviores luteae articulo primo dorso nigro. Thorax dorso subtilissime striolatus, in gibberem medio exaratum, utrinque obtuse bituberculatum elevatus, lateribus vage punctatus unituberculatus, postice emarginatus. Pectus abdomenque punctato-reticulata. Scutellum subquadratum, substriatum apice dilatatum. Elytra subtilissime striolata vage impresso-punctata, multituberculata, tuberculis conicis, acutis. Margo internus denticulatus. Pedes cuprei, unguibus nigris.

Von Montevideo. Zwei bis 2½ Linien lang. Die auffallend geringere Gröfse und hellere Färbung abgerechnet, den beiden vorhergehenden Arten sehr ähnlich. Der Kopf dicht, doch äufserst flach und kaum merklich punktirt, mit rothgelber Lefze und

schwar-

schwarzen Kinnbacken. Die Fühler, kürzer als das Rückenschild, sind rothgelb, nur das erste Glied ist oben schwarz. Der Rücken des Thorax ist sehr fein gestrichelt und in einen Höcker erhoben. Dieser hat in der Mitte eine seichte aber breite Rinne, seitwärts steigt er aufwärts in eine doppelt stumpfspitzige Erhöhung. Die Seiten des Rückenschildes sind weitläuftig punktirt. Auch sieht man hier noch einen breiten kurzen, schnell zugespitzten kleinen Höcker, und nach hinten ist das Rückenschild, wo es gegen das Schildchen vortritt und sich verlängert, ausgerandet. Brust und Bauch sind flach netzförmig punktirt. Das Rückenschildchen ist schwach aber dicht gestrichelt, fast viereckig, hinten breiter. Die Deckschilde sehr fein gestreift, und gleichzeitig einzeln punktirt erheben sich vielfach in Höcker, welche kegelförmig und zugespitzt sind. Die Nath ist deutlich gezahnt. Die Beine, wie der übrige Körper gefärbt, haben schwarze Klauenglieder.

6. *Chlamys muricata.*

Chlamys subtus lutea, nigro-maculata, supra nigro-aenea multispinosa. Long. lin. $2\frac{1}{2}$.

Habitat in Brasilia. Misit Dr. de Olfers.

Brevis, subquadrata. Caput punctatum, luteum vertice nigro-aeneo, antennis apice mandibulisque nigris. Oculi fusci, cantho luteo. Thorax nigro-aeneus, dorso gibbus, gibbere utrinque elevato, trituberculato, medio sulcato laevi, tuberculis conicis acutis, posterioribus majoribus. Pectus punctatum luteum. Abdomen luteum utrinque nigro-punctatum. Scutellum nigro-aeneum triangulare, basi tuberculo lineari. Elytra nigro-aenea tuberculata, tuberculis in singulo elytro duodecim conicis acutis, inter tubercula punctata, punctis sparsis impressis, margine interno denticulata. Pedes lutei, femoribus tibiisque annulo medio punctisque baseos apicisque nigris.

Aus Brasilien. In Hinsicht der Gestalt den vorhergehenden Arten verwandt, 2½ Linien lang, dunkel erzfarben, auf der untern Seite rothgelb. Der Kopf ist punktirt, die untere Hälfte rothgelb, die obere, oder die Gegend von der Mitte der Augen an dunkel erzfarben. Die Fühler sind nicht so lang als das Rückenschild, rothgelb, die letzten Glieder schwarz. Augen und Mandibeln sind schwarz, erstere im Ausschnitt gelb. Rückenschild, Schildchen und Decken sind von dunkeler Erzfarbe, ersteres in der Mitte erhöhet, nach hinten vorgezogen und ausgeschnitten. Der Höcker zu jeder Seite dreispitzig, so daſs die vorderste Spitze die kleinste ist. Zwischen den Spitzen ist eine glatte Längsfurche. Brust und Hinterleib sind punktirt, rothgelb, letzterer an den Seiten dunkel oder schwärzlich gefleckt. Das Schildchen ist fast dreieckig mit einem Höckerchen in dem Einschnitt des Rückenschildes. Die Deckschilde sind sehr höckrigt, die Höcker kegelförmig hoch und zugespitzt, etwa zwölf auf jeder Decke und zwischen ihnen in geschlängelten Reihen eingedrückte Punkte. Die Nath ist deutlich gezahnt. Die Beine sind rothgelb, Schenkel und Schienen haben in der Mitte einen schwarzen Ring und einen dergleichen Punkt an beiden Enden.

7. *Chlamys arcula.*

Tab. VII. Fig. 1.

Chlamys nigro-cuprea, thorace bituberculato, confertim punctato, elytris sparsim punctatis, carinato-tuberculatis, antennis tarsisque luteis. Long. lin. $2\frac{1}{3}$—$2\frac{1}{2}$.

Chlamys arcula Germ. Ins. Spec. I. p. 552. n. 750.

Habitat in Brasilia. Mus. Germar.

Brevis, subquadrata. Caput adpressum fere absconditum vage punctatum, fronte impressa laevi, clypeo oculisque nigris. Labrum emarginatum, luteum. Mandibulae nigrae. Os ferrugineum. Antennae vix thorace breviores, compressae, serratae luteae, apice obscuriores, articulo primo dorso nigro. Thorax basi lateribus sinuatus, medio productus emarginatus confertius punctatus, dorso gibbosus, gibbere sulco longitudinali diviso, lateribus bituberculatus, tuberculis vix elevatis obtusis, baseos majori. Pectus abdomenque punctato-reticulata. Scutellum subtriangulare, laeve. Elytra obscuriora vage punctata, tuberculata, tuberculis compressis arcuatis acutecarinatis, obliquis, ad latera confluentibus apice et ad suturam solitariis cupreo-violaceis. Sutura crenata. Pedes violacei, tarsis luteis.

Vaterland: Brasilien. Länge $2\frac{1}{3}$ bis $2\frac{1}{2}$ Linien. Fast viereckig; dunkel kupferfarben. Der Kopf angedrückt, deutlich einzeln punktirt, die Stirn grubenförmig vertieft und ohne Punkte; Kopfschild und Augen schwarz. Die Lefze und die innern Mundtheile röthlichgelb. Die Fühler ziemlich so lang als das Rückenschild, zusammengedrückt, deutlich gesägt, röthlichgelb, an der Spitze dunkler, das erste Glied oben schwarz. Der hintere Rand des Rückenschildes ist seitwärts tief eingebogen, in der Mitte hervorstehend und ausgerandet. Auf seiner Fläche dicht punktirt ist es in einen der Länge nach getheilten Höcker erhoben, an den Seiten befinden sich aufserdem noch zwei niedrige flache, doch deutlich wahrnehmbare Höcker, von welchen der hintere einen gröfseren Umfang hat. Brust und Bauch sind grob und flach punktirt wie genetzt. Das Rückenschildchen ist glatt und fast dreieckig. Die etwas dunkleren Deckschilde sind uneben durch abgebrochene, zum Theil, besonders in einiger Entfernung von der Nath und den Spitzen unter einander verbundene, bogig verlaufende, scharfkantige auf den Kanten lebhaft violet glänzende Erhabenheiten, zwischen welchen einzelne eingestochene Punkte sichtbar sind. Die Nath ist deutlich gezahnt. Die Fufsglieder sind röthlichgelb.

In Germar's Diagnose (a. a. O.) soll, wie bald aus der Beschreibung deutlich wird, in Beziehung auf die Fühler und Fufsglieder: rufis, statt: nigris stehen.

8. *Chlamys nodosa.*

Tab. VII. Fig. 2.

Chlamys tuberculata, aenea elytris pedibusque nigris, labro antennis tarsisque luteis. Long. lin. $2\frac{1}{4}$.

Habitat in Brasilia. Misit Dr. de Olfers.

Statura praecedentium. Caput medio impressum, punctatum, aeneum occipite nigrum. Labrum cum palpis luteum. Mandibulae nigrae. Antennae breves serratae luteae. Oculi fusci. Thorax postice vix emarginatus, lateribus punctatus, dorso gibbus; gibbere violaceo-aeneo sulco longitudinali laevi diviso, utrinque in cornu obtusum, emarginatum elevato. Pectus aeneum foveolatum et reticulatum. Venter punctatus aeneus segmento ultimo truncato, glaberrimo, nitidissimo. Scutellum nigro-aeneum, laeve. Elytra nigra, violaceo-nitida, sparsim punctata, tuberculata, tuberculis conicis, in singulo elytro duodecim, intermedio baseos altiori, reliquis subacutis basi dilatata junctis. Margo internus distincte denticulatus. Pedes nigro-violacei, tarsis luteis.

Aus Brasilien. Gestaltet wie die vorhergehenden Arten und 2¼ Linien lang. Der Kopf ist punktirt, erzfarben, in der Mitte der Stirn eingedrückt, am Hinterhaupt schwärzlich. Lefze und Freſsspitzen sind rothgelb. Eben so gefärbt sind die Fühler, dabei sehr kurz und etwas gesägt. Die Freſszangen sind schwarz. Das Rückenschild ist erzfarben, an den Seiten einzeln punktirt, hinten etwas vorgezogen und ausgerandet, in der Mitte in einen doppelten violetbläulichen Höker erhaben. Beide sind durch eine glatte Längsfurche getrennt, sie selbst hoch, stumpf-spitzig, uneben und wie ausgerandet. Brust und Hinterleib sind erzfarben, erstere voll eingedrückter Punkte und wie genetzt, letzterer mit, wie gewönlich, abgestutztem, sehr glattem und glänzendem Endglied. Das Schildchen ist glatt und tiefer liegend, von schwärzlich glänzender Erzfarbe. Die Deckschilde glänzend schwarz und ins Blaue spielend, haben sehr deutlich einzeln stehende eingedrückte Punkte. Dabei sind sie voll Erhöhungen, etwa zwölf auf jeder Decke, deren mittlere der Grundfläche gröſser und hoher, auch mehr zugespitzt, die übrigen niedriger und in ihrem Ursprunge durch auslaufende erhabene Linien verbunden sind. Der Innenrand ist deutlich gekerbt. Die Beine sind blauschwarz mit rothgelben Fufsgliedern.

9. *Chlamys tarsata.*

Tab. VII. Fig. 3.

Chlamys elytris rugosis, thorace bituberculato, nigra (vel cuprea) antennis tarsisque luteis. Long. lin. $2\frac{1}{2}$.

Habitat in Brasilia. Misit Dr. de Olfers.

Praecedenti simillima. Nigra, violaceo-nitida, rarius cuprea. Caput adpressum subtilissime striolatum. Antennae thoracis fere longitudine luteae ad apicem fuscae. Labrum luteum. Mandibulae nigrae. Palpi ferruginei. Oculi fusci. Thorax nitidissimus, sparsim punctatus, lateribus inaequalis, dorso elevatus bituberculatus, tuberculis laevibus obtusis, postice productus, emarginatus. Pectus abdomenque nigro-violacea impresso-punctata. Scutellum laeve. Elytra tuberculato-rugosa, nitidissima, sparsim punctata, margine interno denticulato. Pedes nigro-violacei, tarsis luteis.

Aus Brasilien. Sehr ähnlich der vorhergehenden Art, $2\frac{1}{2}$ Linien lang, dunkel blauschwarz und glänzend. Der Kopf ist flach sehr fein gestrichelt. Lefze, Fresspitzen und Fühler sind rothgelb, letztere beinah so lang als das Rückenschild und an der Spitze schwärzlich, die Freszangen schwarz, die Augen dunkel. Das Rückenschild ist an den Seiten stellenweis erhaben, punktirt, in der Mitte höckricht. Höcker sind zwei, durch eine glatte Längsfurche getrennt, stumpf-spitzig und glänzend. Das Schildchen ist glatt. Brust und Bauch sind voll eingedrückter Punkte, dunkel violetschwarz. Die Flügeldecken sind einzeln punktirt, ungleich durch in einander laufende erhabene Linien, die sich zum Theil in stumpfspitzige Höcker erheben. Die Nath ist deutlich gezahnt. Die Beine sind blauschwarz, die Fufsglieder rothgelb. Unter den drei vorhandenen Exemplaren ist eins mit kupferrothem Glanz.

10. *Chlamys obscura.*

Tab. VII. Fig. 4.

Chlamys aenea, obscura, thorace bituberculato, elytris rugosis, basi tuberculatis. Long. lin. 2 — 2¼.

Habitat in Brasilia. Misit Dr. de Olfers.

Statura praecedentium. Caput punctatum, labro obscure testaceo. Antennae breves ejusdem coloris. Mandibulae nigrae. Oculi fusci. Thorax punctatus, utrinque bipustulatus, dorso bituberculatus tuberculis apice truncatis, scabriusculis obtusis. Pectus abdomenque punctato reticulata, cupreo-aenea. Scutellum laeve. Elytra impresso-punctata reticulata et tuberculata, tuberculis disci minoribus vixque elevatis. Margo internus denticulatus. Pedes cuprei.

Aus Brasilien. Länge 2 bis 2¼ Linien. Von dunkler Erzfarbe. Kopf punktirt. Lefze und Fühler dunkel röthlichgelb. Rückenschild an den Seiten punktirt, zweimal ein wenig erhoben, in der Mitte mit einem Doppelhöcker. Beide Höcker sind durch eine glatte, ziemlich breite Furche geschieden, die Spitzen breit, abgestumpft und durch hervorstehende Punkte rauh. Brust und Hinterleib haben mehr Kupferglanz, sind voll ziemlich grofser, flach eingedrückter Punkte und erscheinen hierdurch wie genetzt. Das Schildchen ist glatt. Die Deckschilde punktirt mit abgebrochenen erhabenen Linien und Höckerchen besetzt, die wie gewöhnlich nach dem Rückenschilde zu, mehr hervorragen. Die Nath ist fein gekerbt. Die Beine sind, wie der Bauch gefärbt.

11. *Chlamys rugosa.*

Tab. VII. Fig. 5.

Chlamys elytris rugosis tuberculatis nigra, thorace dorso utrinque elevato trituberculato obscure aeneo. Long. lin. $1\frac{1}{2}$—2.

Habitat in Brasilia. Misit Dr. de Olfers.

Praecedenti similis, statura tamen angustiore. Caput obscurum labro, antennis, palpisque ferrugineis. Thorax obscurus, aeneus, sparsim punctatus, lateribus pustulatus, dorso bielevatus, gibberibus trituberculatis, tuberculis aequalibus obtusis, postice emarginatus. Pectus abdomenque punctata, nigroviolacea. Scutellum immersum, laeve, nigro-aeneum. Elytra punctata, nigra, aeneo-nitida, lineis transversis elevatis tuberculisque subconicis, in elytro singulo circa decem, versus apicem majoribus, inaequalia. Sutura crenata. Pedes nigro-violacei tarsis ferrugineis.

Aus Brasilien. Länge von $1\frac{1}{2}$ bis 2 Linien. Aehnlich der vorhergehenden Art, nur von etwas schmalerem Bau. Kopf dunkelschwarz, Lefze, Fühler und Fresspitzen rothbraun. Das Rückenschild dunkel erzfarben, ist hin und wieder punktirt, an den Seiten in Beulen erhaben, in der Mitte mit einem Doppelhöcker versehen, der zu jeder Seite in drei stumpfe Spitzen sich endigt. Der hintere vorstehende Rand hat, wie gewöhnlich, in der Mitte einen kleinen Einschnitt. Brust und Hinterleib sind punktirt, dunkel blauschwarz. Das Rückenschildchen ist dunkel erzfarben. Die Deckschilde voll Queerlinien und kegelformig zugespitzten Erhabenheiten, von denen die gröfsern sich hinterwärts befinden, sind hin und wieder punktirt, von Farbe dunkelschwarz, die Nath gekerbt. Die Beine sind dunkelblauschwarz mit braunröthlichen Fufsgliedern.

12. *Chlamys chrysocephala.*

Tab. VII. Fig. 6.

Chlamys thorace elytrisque tuberculato-reticulatis, atra, fronte lutea. Long. lin. 2.

Patria: Cametà Brasiliae. Misit D. Sieber. Ex Museo Com. de Hoffmannsegg.

Statura praecedentis. Aterrima. Caput luteum, vertice impresso nigro. Antennae breves luteae. Mandibulae nigrae. Oculi nigri. Thorax punctatus inaequalis, medio gibbus multituberculatus. Pectus abdomenque punctata, punctis magnis leviter impressis, segmento ultimo postice lineato. Scutellum laeve, impressum. Elytra punctata, lineis elevatis reticulata, postice tuberculata, sutura crenata. Pedes rufi, tibiis omnibus, femoribusque posterioribus extus nigris. Tarsi lutei.

Von Cametà in Brasilien. Zwei Linien lang. Der Vorhergehenden ähnlich. Tiefschwarz. Der Kopf rothgelb, nur am Scheitel ein runder eingedrückter schwarzer Fleck. Die Fühler kurz, rothgelb. Augen und Mandibeln schwarz. Das Rückenschild durch kleine Erhabenheiten und Punkte ungleich, in der Mitte stark höckerig, der Höcker mit vielen kegelförmigen Erhabenheiten besetzt. Brust und Unterleib sind voll flach eingedrückter Punkte, an dem letzten Abschnitt Zeichnungen aus erhabenen Linien. Das Rückenschildchen, tiefer liegend, ist glatt. Die Deckschilde sind punktirt, voll erhabener Linien, die durch ein netzförmiges Gewebe verbunden sind, nach hinten mit kegelförmigen Erhöhungen besetzt. Die Nath ist auch hier gekerbt. Die Beine sind roth, nur die Aufsenseiten an den Schienen und den hinteren Schenkeln schwarz.

13. *Chlamys anthracina.*

Tab. VII. Fig. 7.

Chlamys thorace elytrisque lineis elevatis punctisque scabris, nigra capite ferrugineo - maculato. Long. lin. 2.

Patria: Parà Brasiliae. Misit Sieber. Ex Museo Comit. de Hoffmannsegg.

Statura elongata praecedentis. Nigra, nitida. Caput punctatum luteo - maculatum. Labrum luteum. Antennae breves luteae, apice nigrae. Thorax punctatus gibbosus, reticulatus et subtuberculatus, tuberculis linearibus longitudinalibus approximatis in medio binis. Pectus abdomenque punctata, punctis magnis leviter impressis. Scutellum parvum, laeve. Elytra punctata, lineis elevatis reticulata, ad apicem subtuberculata sutura crenata. Pedes ferruginei, femoribus apice tibiisque obscurioribus. Nonnullis caput fere nigrum, aliis nigrum, vertice utrinque macula fronteque ferrugineis.

Von Parà in Brasilien. Fast zwei Linien lang. Gestaltet wie die vorhergehende Art. Schwarz. Der Kopf punktirt, mehr oder weniger rothgefleckt, im ersten Fall ein Doppelfleck am Scheitel und eine Stirnmakel von rothgelber Farbe. Lefze und Fühler rothgelb, letztere sehr kurz, die Endglieder schwarz. Das Halsschild stark gewölbt, punktirt, mit netzförmig erhabenem Gewebe und in der Mitte einigen Höckern von geringerer Bedeutung, zwei dicht neben einander besonders deutlichen auf der Höhe des Halsschildes. Brust und Hinterleib erscheinen durch grofse, flach eingedrückte Punkte wie genetzt. Das Rückenschildchen ist klein. Die Deckschilde sind punktirt, mit erhabenen Linien durchzogen, die sich am hinteren Ende in mäfsige Höcker erheben. Die Nath ist gekerbt. Die Beine sind gelbbraun, die Schienen und Spitzen der Schenkel dunkler.

14. *Chlamys cruciata.*

Tab. VII. Fig. 8.

Chlamys thorace elytrisque lineis elevatis punctisque scabris nigro-brunnea, fronte thoracisque antico ferrugineo-maculatis. Long. lin. $1\frac{1}{2}$.

Patria: Parà in Brasilia. Misit D. Sieber. Ex Museo Com. de Hoffmannsegg.

Praecedenti similis. Obscura. Caput punctatum macula magna frontali punctisque in vertice binis ferrugineis. Labrum palpique ferruginea. Antennae breves ferrugineae, apice nigrae. Thorax gibbosus, punctatus, lineis elevatis ferrugineo-reticulatus, antice macula lineari perpendiculari aliaque transversa infera ferrugineis. Pectus abdomenque punctato-reticulata. Scutellum parvum. Elytra punctata lineis elevatis concatenatis reticulata sutura crenata. Pedes ferruginei femoribus basi obscurioribus.

Von Parà in Brasilien. Länge: $1\frac{1}{2}$ Linien. Der vorhergehenden Art ähnlich. Dunkelbraun. Der Kopf punktirt, vor der Stirn mit einem, auf dem Scheitel mit zwei rostfarbenen Flecken. Schildchen, Frefsspitzen und Fühler rostfarben, letztere kurz und an der Spitze schwarz. Das Halsschild gewölbt, punktirt, durch erhabene Linien genetzt. Die Erhabenheiten sowohl als vorn ein Queerfleck und über demselben eine in der Mitte ihn senkrecht treffende Linie sind ebenfalls rostbraun. Brust und Hinterleib sind voll schwach eingedrückter Punkte. Das Rückenschildchen nur klein. Die Deckschilde sind punktirt, genetzt durch erhabene zusammenhängende Linien, die zum Theil braun gefärbt sind. Die Nath ist fein gezahnt. Die Beine sind braun mit an der Wurzel dunkleren Schenkeln.

15. *Chlamys cyanella.*

Chlamys cyanea thorace gibboso scabro, elytris punctatis, reticulatis. Long. lin. 2.

Patria: Bahia in Brasilia. Misit Sello.

Elongata, cyanea. Caput ubique punctatum, obscurum labro rufo. Antennae breves, serratae, fuscae, basi rufae. Thorax punctatus, gibbosus, scaber gibbere sulculo longitudinali laevi laete cyaneo diviso. Pectus abdomenque punctata reticulata sutura laevi. Scutellum parvum. Elytra sparsim punctata, lineis elevatis obscurioribus reticulata. Tarsi ferruginei.

Von Bahia in Brasilien. Zwei Linien lang. Von etwas länglicher Gestalt. Tiefblau. Der Kopf stark punktirt mit rothgelber Lefze. Die Fühler ziemlich kurz, schwärzlich mit rothgelbem Wurzelglied. Der Halsschild punktirt, der Rücken ansehnlich gewölbt, stärker punktirt, auch dunkler von Farbe, in der Mitte von einer glatten und helleren Längsfurche durchschnitten. Die Nath glatt. Brust und Unterleib sind flach und grob punktirt. Das Rückenschildchen ist nur klein. Die Deckschilde sind hin und wieder punktirt und ungleich durch netzförmig verbundene erhabene Linien. Die Beine haben braune Fufsglieder.

16. *Chlamys diadema.*

Tab. VII. Fig. 9.

Chlamys punctata, atra, elytris reticulatis, thoracis antico, capite, pedibusque luteis. Long. lin. $2\frac{1}{3}$.

Habitat in Brasilia. Beske.

Elongata. Aterrima. Caput punctatum, luteum vertice lineola oculisque nigris. Antennae thorace breviores apice fuscae. Labrum pallidum. Mandibulae nigrae. Thorax dorso parum elevato, vix tuberculato, scabro, ubique impresso-punctatus, margine postico utrinque sinuato, medio vix emarginato, antico, praesertim lateribus luteo. Pectus abdomenque punctata nigra. Scutellum transversum subquadratum laeve. Elytra remote punctata, lineis parum elevatis reticulata, sutura crenata. Pedes lutei, postici femoribus, tibiis basi nigris.

Aus Brasilien. $2\frac{1}{3}$ Linien lang. Tiefschwarz und von länglicher Gestalt. Der Kopf punktirt, rothgelb, am Scheitel eine schwärzliche Mittellinie. Die Lefze weifs. Die Frefszangen schwarz. Die Fühler kürzer als das Rückenschild, rothgelb mit dunkeln Spitzen. Das Rückenschild ist stark punktirt, in der Mitte nur wenig erhaben und höckrigt, die Mitte des hinteren Randes fast ohne Kerb, der vordere Rand, besonders an den Seiten breit rothgelb und bogigt gesäumt. Das Rückenschildchen ist mehr in die Queer gezogen, fast viereckig und glatt. Auf den Deckschilden stehen sehr entfernt tief eingestochene Punkte und schwach erhabene Linien bilden unter einander ein weitläuftiges Netz. Die Nath ist deutlich gekerbt. Die untere Seite voll flach eingedrückter Punkte. Die Beine sind rothgelb, und an den hintersten sind die Schenkel beinah ganz und die Schienen bis zur Mitte schwarz.

17. *Chlamys foveolata.*

Chlamys thorace punctato, elytris punctato-rugosis nigra, fronte antennis pedibusque luteis. Long. lin. $1\frac{1}{2}$.

Chlamys foveolata Knoch neue Beyträge zur Insektenkunde I. p. 130. n. 2. T. 4. f. 9. Schönherr syn. Ins. I. 2. p. 343. n. 2.

Habitat in America septentrionali.

Statura praecedentium. Nigra. Caput luteum vertice nigro. Antennae breves luteae. Labrum luteum. Mandibulae nigrae. Thorax elevatus scaber. Pectus abdomenque punctata. Scutellum minimum. Elytra punctata, elevato-lineato. Sutura crenata. Pedes anteriores lutei postici fusci.

Eine nordamerikanische Art. Länge $1\frac{1}{2}$ Linien. Gestalt der vorigen Arten. Grundfarbe schwarz. Stirn, Lefze und Fühler gelbroth, Halsschild gewölbt, stark punktirt und höckerig. Brust und Bauch punktirt. Rückenschildchen sehr klein. Deckschilde durch zahlreich eingedrückte Punkte und erhabene Linien ungleich. Die Nath fein gekerbt. Die Vorderbeine rothgelb, die hintersten dunkler.

18. *Chlamys cristata.*

Tab. VII. Fig. 10.

Chlamys nigra; thorace gibbo, elevato-lineato, elytris lineato-reticulatis, tuberculatis. Long. lin. 1½.

Clythra cristata Fabr. Syst. Eleuth. II. p. 33. n. 23.

Chlamys cristata Schönherr Synon. Ins. II. p. 343. n. 6.

Habitat in America meridionali. Fabr. l. c.

Descriptio secundum specimen musei Regii Havniensis.

Magnitudo et statura C. foveolatae. Nigerrima nitida. Caput planum unipunctatum, labro ferrugineo. Antennae apice luteae. Thorax medio elevatus, quadrilineatus, lineis apice coeuntibus, lateribus subtuberculatus. Elytra reticulata, basi elevato-lineata, apice tuberculata, margine interno integro. Pectus abdomenque punctata. Pedes unicolores.

Aus Südamerika. Gröfse und Gestalt der Chlamys foveolata. Glänzend schwarz. Kopf flach mit rothbrauner Lefze. Fühler an der Spitze rothgelb. Rückenschild an den Seiten etwas höckerig und ungleich, in der Mitte erhöhet und durch vier scharf erhabene, nach dem Hinterrande zu vereinigte Längslinien ausgezeichnet. Die Deckschilde überall genetzt aufserdem vorzüglich in der vorderen Hälfte mit erhabenen Linien, an der Spitze mit Höckerchen besetzt. Der innere Rand glatt. Brust und Bauch grob punktirt. Beine einfarbig schwarz.

19. *Chlamys galeata.*

Tab. VII. Fig. 11.

Chlamys thorace medio gibboso, bicarinato, elytris punctatis rugosis, nigra, antennis tarsisque luteis. Long. lin. 2.

Habitat in Brasilia. Ex Museo de Winthem.

Similis C. cristatae. Caput punctulatum, fronte foveola impressa. Labrum luteum. Antennae thorace breviores luteae. Thorax sparsim punctatus, utrinque tuberculo laevi, dorso valde gibbosus gibbere ruguloso punctato, linea longitudinali elevata duplici sulcoque intermedio insigni. Elytra punctis impressis lineisque elevatis flexuosis et abbreviatis transversis inaequalia. Sutura integra. Pectus abdomenque subtilissime punctata, opaca. Tarsi lutei.

Aus Brasilien. Zwei Linien lang. Der Chlamys cristata ähnlich. Tiefschwarz. Der Kopf fein punktirt, mit einem seichten Stirngrübchen. Fühler und Lefze röthlichgelb. Das Rückenschild einzeln punktirt, zur Seite eine schwache, glatte, halbrunde Erhöhung, in der Mitte ein ansehnlicher grobpunktirter Höcker, den eine Furche durchläuft, die seitwärts von einer kurzen, ziemlich glatten erhöheten Längslinie begränzt ist. Das Rückenschildchen wie gewöhnlich. Die Deckschilde tief, doch einzeln punktirt, sind nach verschiedenen Richtungen, von erhöheten sowohl Bogen- als Queerlinien durchzogen. Die Nath ist glatt. Brust und Bauch sind flach und fein punktirt. Die Beine haben rothgelbe Fufsglieder.

20.

20. *Chlamys suberosa.*

Tab. VII. Fig. 12.

Chlamys globosa cuprea, thorace elytrisque punctatis, tuberculatis. Long. lin. 1½.

Patria: Parà Brasiliae. Misit Sieber. Ex Museo Comit. de Hoffmannsegg.

Statura brevis. Obscure cuprea. Caput punctatum. Antennae breves, articulo primo luteo. Palpi lutei. Thorax punctatus, utrinque tuberculatus, medio elevatus gibbosus, gibbere binodi inaequali. Pectus abdomenque punctata. Scutellum triangulare. Elytra punctata, tuberculata, tuberculis in medio transversis majoribus. Sutura crenata. Pedes unicolores.

Von Parà in Brasilien. Länge 1½ Linien. Fast kuglicht. Dunkel kupferfarben. Der Kopf punktirt. Fühlerwurzel und Freſsspitzen gelbbräunlich. Der Halsschild punktirt, an den Seiten höckrig, in der Mitte stärker erhaben, ungleich, bucklig. Brust und Hinterleib punktirt. Rückenschildchen dreieckig, deutlich. Deckschilde einzeln und stark punktirt, zum Theil höckerig, die Höcker der Mitte in die Queere gezogen und gröſser. Nath gekerbt. Beine einfarbig.

21. *Chlamys capricornis.*

Chlamys thorace gibboso, rugoso bituberculato, elytris rugosis oblique transversim carinatis, cuprea; antennis pedibusque luteis. Long. lin. 2.

Chlamys capricornis Germ. Ins. sp. I. p. 562. n. 761.

Habitat in Brasilia; de Winthem, Germar.

Brevis, obscure cuprea. Caput punctatum labro palpisque ferrugineis. Antennae thorace breviores luteae, apice obscuriores. Thorax punctatus, inaequalis, dorso rugosus, bituberculatus, tuberculis brevibus compressis acutis. Pectus abdomenque reticulata cuprea. Scutellum postice dilatatum. Elytra basi undato-lineata, apice reticulata foveolata, plica arcuata transversa media ab angulo antico exteriori ad suturam descendente divisa. Sutura denticulata. Pedes cuprei, tarsis luteis.

Aus Brasilien. Zwei Linien lang. Dunkel kupferfarben. Der Kopf voll eingedrückter Punkte. Lefze und Freſsspitzen gelbbraun. Die Fühler ungefähr so lang als das Rückenschild sind rothgelb mit dunklen Spitzen. Das Ruckenschild sehr ungleich, einzeln punktirt, hat in der Mitte dicht neben einander zwei gerunzelte, ziemlich erhabene und zugespitzte Höcker. Kopf und Bauch sind genetzt, am Rückenschildchen die Hinterwinkel vorgezogen. Die Deckschilde durch eine vom Schulterwinkel nach der Mitte der Nath schräg abwärts laufende, etwas gebogene und scharfe Leiste getheilt, sind auſserdem ungleich durch verschiedene erhabene Längslinien, die sich in der vorderen Hälfte, und netzförmig verbundene Linien, die sich in der hintern Abtheilung befinden, auch stehen hin und wieder, besonders in der hintern Hälfte, eingedrückte Grubchen. Die Fuſsglieder sind rothgelb.

22. *Chlamys plicata.*

Chlamys thorace bituberculato elytris punctatis, tuberculatis, cuprea obscura, labro antennisque testaceis. Long. lin. 2.

Chlamys plicata Olivier Entomol. VI. 96. p. 876. n. 3. Pl. I. Fig. 3. b.

Clythra plicata Fabricii supplementum entom. syst. p. 111. n. 10. Syst. Eleuth. II. p. 33. n. 20. Coquebert illustr. iconogr. ins. III. p. 129. Tab. XXIX. Fig. 8.

Bruchus gibbosus Fabricii entom. syst. II. p. 370. n. 8. Syst. Eleuth. II. p. 397. n. 10. Olivier Enc. méth. V. p. 198. n. 8.

Chlamys tuberosa Knoch neue Beytr. I. p. 128. n. 1. Tab. 4. Fig. 1. 2. Schönh. Syn. Ins. I. 2. p. 343. n. 1.

Habitat in America septentrionali.

Obscura. Caput punctatum labro antennisque luteis. Mandibulae nigrae. Thorax striatus, medio elevatus, bituberculatus, postice emarginatus. Scutellum triangulare. Elytra tuberculata, tuberculis plurimis, sutura crenata. Pedes concolores.

Aus Nordamerika. Von gewöhnlicher Gestalt und 2 Linien lang. Dunkel kupferfarben. Lefze und Fühler blafs rothgelb. Der Kopf leicht punktirt. Das Halsschild einzeln punktirt, fein gestrichelt, in der Mitte erhaben, ungleich, zweihöckerig. Das Rükkenschildchen dreieckig. Die Deckschilde einzeln punktirt, mit vielen Höckern besetzt, an der Nath gekerbt. Die Beine wie der Körper gefärbt.

23. *Chlamys affinis.*

Chlamys cuprea, thorace medio elevato striato, elytris punctatis tuberculatis. Long. lin. 1⅔.

Habitat in America septentrionali.

Praecedenti simillima. Caput punctatum, labro obscuriori. Antennae breves luteae. Thorax medio elevatus, subtilissime striatus. Pectus abdomenque concoloria. Scutellum laeve. Elytra punctata, tuberculata, tuberculis subcompressis. Sutura crenata. Pedes cuprei.

Ebenfalls aus Nordamerika. Etwas kleiner als Chlamys plicata, der sie übrigens sehr ähnlich ist. Kupferroth. Der Kopf punktirt, die Lefze dunkler, die Fühler rothgelb. Das Halsschild erhebt sich in der Mitte in einen starken fein concentrisch gestreiften Höcker, den eine kaum wahrnehmbare eingedrückte Längslinie theilt. Brust, Hinterleib und Beine sind wie der übrige Körper gefärbt. Das Rükkenschildchen klein und glatt. Die Deckschilde sind einzeln und tief punktirt, voller Erhöhungen die etwas gedrückt und an den Kanten scharf, doch weniger, als bei der vorhergehenden Art verbunden sind. Die Nath ist gesägt.

24. *Chlamys gibber.*

Chlamys thorace elytrisque punctatis tuberculatis, nigra antennis pallidis. Long. lin. $1\frac{1}{2}$.

Clythra gibber Fabr. Entom. syst. suppl. p. 112. n. 11. Syst. Eleuth. II. p. 33. n. 21. Coquebert illustr. iconogr. ins. III. p. 129. Tab. XXIX. Fig. 7.

Chlamys gibbera Olivier Entomologie VI. p. 876. n. 4. Pl. I. Fig. 4.

Chlamys gibber Schönherr Synon. Ins. II. p. 343. n. 4.

Habitat in America septentrionali. Ex Museo de Winthem.

Corpus parvum, elongatum, fusco-nigrum. Caput punctatum, labro fusco. Antennae vix capite longiores, pallidae, apice latiores, obscuriores. Thorax gibbosus, impresso-punctatus, multituberculatus. Scutellum parvum immersum. Elytra impresso-punctata, tuberculata, tuberculis intermediis linearibus confluentibus. Sutura subtilissime crenata. Pectus abdomenque punctato-reticulata. Pedes concolores.

Aus Nordamerika. Länge 1½ Linien. Im Verhältnifs länger als die vorhergehenden Arten. Tiefbraunschwarz. Der Kopf punktirt, mit brauner Lefze und kurzen blafsgelben, an der Spitze etwas dunkleren Fühlern. Das Rückenschild erhaben, überall voll eingedrückter Punkte mit mehreren Höckern besetzt. Das Rückenschildchen tiefliegend, von gewöhnlicher Gestalt. Auf den Deckschilden stehen die eingedrückten Punkte zwischen den Höckern des Umkreises und den mehr linienförmigen Erhabenheiten der Mitte regelmäfsig geordnet. Die Nath ist sehr fein gekerbt. Die Beine sind wie der Körper gefärbt.

25. *Chlamys tuberculata*.

Tab. VIII. Fig. 1.

Chlamys thorace gibboso, striato, elytris punctatis tuberculatis, atra antennis pallidis. Long. lin. 1½.

Chlamys tuberculata Germar (in litt.).

Patria: Savannah. Mus. Germar.

Statura fere praecedentis, at brevior. Caput opacum, labro ferrugineo. Antennae vix thorace breviores. Thorax subtilissime striolatus, dorso elevato gibboso, gibbere obtuso, summo apice sulculo brevi longitudinali diviso. Pectus abdomenque reticulata segmentis ultimis cupreo-nitidis. Scutellum subtriangulare. Elytra sparsim foveolata, subtuberculata, tuberculis prope basin linearibus longitudinalibus, intermediis compressis obliquis transversis, ad apicem minimis vixque elevatis. Pedes cum tarsis nigri.

Vaterland: Savannah. Länge $1\frac{1}{2}$ Linien. Im Verhältnifs kürzer als die vorbeschriebene Art. Dunkelschwarz. Das Kopfschildchen hellbraun. Die Fühler etwa so lang als das Rückenschild von blafsgelber Farbe. Das Rückenschild, fein gestrichelt, erhebt sich in einen stumpfrunden Höcker, der nur an der Spitze durch eine kurze Längsfurche getheilt ist. Brust und Bauch sind genetzt, die letzten Segmente in manchen Richtungen wie Kupfer schimmernd. Die Deckschilde haben nur hin und wieder Grübchen, aufserdem kleine Höcker, die am Grundtheile linienförmig, in der Mitte zu einer vom Schulterwinkel nach der Nath herabsteigenden Queerlinie vereinigt, in der Spitze der Decken klein und unmerklich sind. Die Beine sind, die Fufsglieder einbegriffen, schwarz.

27. *Chlamys coronata.*

Tab. VIII. Fig. 2.

Chlamys thorace elytrisque punctatis, tuberculatis, cuprea, obscura, labro antennisque luteis. Long. lin. 2.

Habitat in Brasilia. Misit Dr. de Olfers.

Statura praecedentium. Caput punctatum obscurum labro antennisque luteis. Thorax obscurus sparsim punctatus multituberculatus, tuberculis praesertim quatuor in medio loco elevatioribus, distinctioribus, ad marginem posticum in semicirculum dispositis. Pectus abdomenque punctata. Scutellum subquadratum, postice utrinque productum laeve. Elytra cuprea sparsim punctata, punctis magnis impressis, basi apiceque tuberculata, tuberculis baseos majoribus, disco lineis elevatis concatenatis reticulata. Sutura crenata. Pedes cuprei.

Aus Brasilien. Zwei Linien lang. Gestalt der Chlamys plicata. Dunkel kupferglänzend. Der Kopf punktirt. Lefze und Fühler röthlichgelb. Der Halsschild punktirt, mit Höckern besetzt. Deutlicher und gröfser als die übrigen stehen vier in einem Halbzirkel nach dem hintern Rande. Brust und Hinterleib sind punktirt. Das Rückenschildchen ist fast viereckig, die hinteren Winkel vorgezogen. Die Deckschilde sind regelmäfsig punktirt, die Punkte deutlich und grubenförmig eingedrückt. An dem Ursprunge der Deckschilde sind einige gröfsere, an der Spitze mehrere kleine Erhöhungen bemerklich, in der Mitte laufen mehrere erhabene Linien netzformig zusammen. Die Nath ist gekerbt. Die Beine sind wie der Körper gefärbt.

27. *Chlamys globosa.*

Tab. VIII. Fig. 3.

Chlamys thorace quadrituberculato elytris tuberculato-reticulatis nigerrima, labro antennisque ferrugineis. Long. lin. $1\frac{3}{4}$.

Habitat in Brasilia Misit Dr. de Olfers.

Brevis, subglobosa, nitida. Caput subtilissime punctatum. Labium luteum Antennae thorace breviores, serratae, pallidae, basi luteae, apice nigri cantes. Thorax brevis sparsim punctatus utrinque in tuberculum parvum subglobosum elevatus, medio bituberculatus, tuberculis his majoribus carinatis, antice truncatis rugosis sulcatis. Pectus abdomenque punctis impressis lineisque elevatis inaequalis. Scutellum parvum subquadratum laeve. Elytra impresso-punctata, lineis elevatis reticulata. Sutura laevis. Pedes unicolores plantis cinereis.

Aus Brasilien. Nahe an zwei Linien lang. Kürzer als die vorhergehenden Arten und fast rund. Glänzend tiefschwarz. Der Kopf braun punktirt. Die Stirn etwas eingedrückt. Lefze und Fühlerwurzel rothgelb. Die folgenden Fühlerglieder blafsgelb, die Endglieder schwärzlich. Das Rückenschild kurz, voll vertiefter Punkte und erhabener Linien, zu jeder Seite eine kleine kugelförmige Erhöhung in der Mitte ein Doppelhöcker, jeder nach hinten abgeschnitten mit scharfer Kante, vorn stumpf und ungleich gefurcht. Brust und Hinterleib voll eingedrückter Punkte und erhabener Linien. Das Schildchen klein, fast viereckig, glatt. Die Deckschilde punktirt von erhabenen gebogenen Linien vielfach durchzogen. Die Nath ungezahnt. Die Beine von der Farbe des Körpers. Mit grauem Filz bedeckte Sohlen.

28. *Chlamys scoriosa.*

Tab. VIII. Fig. 4.

Chlamys thorace elytrisque punctatis, reticulatis atra labro ferrugineo. Long. lin. 1½.

Habitat in Brasilia. Misit Dr. de Olfers.

Elongata, aterrima. Caput punctatum. Labrum obscure ferrugineum. Antennae breves serratae nigrae, basi obscure luteae. Thorax subgibbosus, rugosus. Elytra lineis elevatis reticulata sparsim punctata. Sutura crenata. Pectus abdomenque impresso-punctata. Pedes compressi atri, tarsis obscure luteis.

Aus Brasilien. Länge 1½ Linien. Länglich, dunkel mattschwarz. Der Kopf punktirt mit dunkel gelbbrauner Lefze. Die Fühler kurz, zur untern Hälfte dunkelgelblich. Das Halsschild gewölbt, sehr runzlich, dazwischen flach hin und wieder punktirt. Das Rückenschildchen klein. Die Deckschilde bedeckt mit wenig erhabenen netzförmig verbundenen Linien und einzelnen eingedrückten Punkten. Die Nath fein gekerbt. Flach eingedrückte Punkte an Brust und Hinterleib. Die Beine gedrückt, schwarz, mit schmutzig gelbbräunlichen Fufsgliedern.

29. *Chlamys favosa.*

Tab. VIII. Fig. 5.

Chlamys thorace gibboso scabro elytris reticulato cavernosis brunnea, atromaculata. Long. lin. 1¼.

Habitat in Brasilia. Misit Dr. de Olfers.

Statura praecedentis. Caput punctatum atro-maculatum. Antennae thorace breviores serratae brunneae. Thorax elevatus medio vix sulcatus punctatus, inaequalis brunneus lateribus fusco-maculatus. Scutellum brunneum, nigro-marginatum. Elytra lineis plurimis elevatis reticulata lacunosa subtuberculata, brunnea fusco-maculata. Sutura subtilissime denticulata. Pectus abdomenque punctata, punctis levissime impressis, brunnea atro maculata. Pedes brunnei, coxis omnino, femoribus tibiisque fascia nigris.

Aus Brasilien. Beinah zwei Linien lang. Gestalt der vorhergehenden Art. Dunkel gelbbräunlich, überall schwarz unregelmäfsig gefleckt. Der Kopf dicht punktirt. Die Fühler bräunlich gesägt und kürzer als das Rückenschild. Dieses keglicht erhaben, in der Mitte kaum deutlich geschieden, punktirt und leicht genetzt, in der Mitte heller gefärbt. Das Schildchen dunkelbraun mit schwarzem Rande. Die Deckschilde in der Mitte weitläuftig, am Rande dicht genetzt, haben zwischen den Linien flache Gruben, in welchen schwärzliche Flecken und hin und wieder eingestochene Punkte zu bemerken sind. Die Nath sehr fein gezähnelt. Brust und Hinterleib sind kaum merklich punktirt und wie der übrige Körper, vornehmlich aber die Brust, dunkel gefleckt. Die Beine sind braun, die Beinwurzeln schwarz, Schenkel und Schienen mit einer schwarzen Binde bezeichnet.

30. *Chlamys umbrosa.*

Tab. VIII. Fig. 6.

Chlamys thorace subgloboso rugoso, elytris radiato-reticulatis subspinosis, brunnea, opaca. Long. lin. $1\frac{1}{3}$.

Habitat in Brasilia. Misit Dr. de Olfers.

Simillima praecedenti. Caput punctatum, antennis serratis. Thorax elevatus, globosus lineisque dorso reticulatis lateribus arcuatis rugosus. Scutellum subimmersum. Elytra subtuberculata ambitu celluloso-reticulata medio radiato-reticulata, radiis tubercula petentibus. Sutura laevis. Pectus abdomenque subpunctata, punctis levissime impressis. Pedes unicolores.

Aus Brasilien. Länge 1½ Linien. Der vorhergehenden Art sehr ähnlich. Gelbbräunlich, ungefleckt. Der Kopf punktirt mit kurzen gesägten Fühlern. Der Rücken kuglicht erhaben, in der Mitte regelmäſsig, an den Seiten bogigt in einander laufend genetzt. Das Schildchen etwas eingelassen. Die Deckschilde hin und wieder höckricht, an den Seiten ekkig in der Mitte strahlenähnlich genetzt, so daſs die Strahlen nach den Höckern hin und in ihnen zusammen laufen. Die Nath ist glatt. Brust und Hinterleib sind kaum deutlich punktirt, die Punkte sehr schwach eingedrüht. Die Beine einfarbig.

31. *Chlamys subspinosa.*

Tab. VIII. Fig. 7.

Chlamys thorace gibboso spinuloso, elytris punctatis tuberculatis, ferruginea immaculata. Long. lin. 2.

Habitat in Brasilia. Misit Dr. de Olfers.

Similis praecedentibus, at major. Laete ferruginea, lucida. Caput levissime punctatum. Antennae thorace breviores, serratae luteae. Mandibulae nigrae. Thorax reticulato-concatenatus, dorso gibbosus, gibbere medio diviso striato-sulcato, lateribus spinuloso obscuriore. Scutellum parvum triangulare. Elytra punctata et punctato striata, tuberculata, tuberculis in singulo elytro quatuordecim, in seriebus transversis a margine exteriori ad suturam oblique descendentibus dispositis. Sutura laevis. Pectus abdomenque reticulata. Pedes unicolores.

Aus Brasilien. Zwei Linien lang. Sehr ähnlich der vorbeschriebenen Art. Hell lebhaft rostfarben. Der Kopf seicht punktirt. Die Fühler kürzer als das Rückenschild und rothgelb. Die Freſszangen schwarz.

Das Rückenschild genetzt, in einen Höcker erhoben, der in der Mitte getheilt und gestrichelt, neben der Vertiefung dunkler braun und mit kleinen spitzen Erhabenheiten dicht bedeckt ist. Das Schildchen ist klein und dreieckig. Auf den Deckschilden bemerken wir Punkte und der Länge nach gebogene Punktreihen, aufserdem schräg von Aufsen nach der Nath herabsteigende Reihen von spitzigen Höckern, deren auf jedem Schilde überhaupt etwa vierzehn vorhanden sind. Die Nath selbst ist glatt. Brust und Bauch erscheinen genetzt. Die Beine sind einfarbig hellbraun.

32. *Chlamys tenebrosa.*

Tab. VIII. Fig. 8.

Chlamys thorace noduloso poroso canaliculato elytris punctatis tuberculatis reticulatis obscure cuprea antennis tarsisque luteis. Long. lin. 2½.

Habitat in Brasilia. Misit Dr. de Olfers.

Obscura. Caput subtilissime punctatum labro ferrugineo. Antennae thorace breviores compressae serratae luteae articulo primo dorso macula fusca, ultimis obscuris. Thorax subgibbosus, punctatus, dorso canaliculatus, ubique nodulosus. Scutellum laeve, impressum postice dilatatum. Elytra lineis elevatis reticulata, basi tuberculata, ubique loculosa, punctata, punctis subocellaribus. Sutura crenata. Pectus abdomenque obsolete-punctata. Pedes cuprei tarsis luteis.

Aus Brasilien. Länge 2½ Linien. Dunkelkupferroth. Lefze, Fühler und Fufsglieder rothgelb. Der Kopf sehr fein punktirt. Auf dem Rückenschilde eingedrückte Punkte, verschiedene stumpfe Höcker und in der Mitte eine seichte Längsfurche. Das Schildchen eingesenkt glatt, mit stark seitwärts gezogenem Hinterrande. Auf den Deckschilden netzförmig in einander laufende erhabene Linien, in den Zwischenräumen einzeln stehende eingestochene und von einem Ringe nicht undeutlich umgebene Punkte. Die Nath deutlich gezahnt. Brust und Hinterleib fein genetzt. Die Fufsglieder röthlichgelb.

33. *Chlamys cistella.*

Tab. VIII. Fig. 9.

Chlamys thorace rugoso canaliculato, elytrisque tuberculato - reticulatis punctatis cuprea obscura, antennis tarsisque luteis. Long. lin. 2½.

Chlamys cistella Germar Ins. spec. I. p. 551. n. 749.

Patria: Brasilia. Bescke, Germar.

Simillima praecedenti. Brevis, subquadrata, obscure cuprea. Caput punctatum, fronte subimpressa, laevi, labro palpisque ferrugineis. Antennae thorace breviores, compressae, serratae, obscure luteae, articulo primo dorso fusco. Thorax postice utrinque sinuatus, medio versus scutellum productus, emarginatus, rugosus, punctatus, punctis minutissimis ocellaribus, dorso gibbosus, canaliculatus. Pectus, venter pedesque punctis magnis vix impressis, versus abdominis apicem confluentibus inaequalia, passim reticulata. Scutellum angulis posticis productis triangulare laeve. Elytra tuberculis compressis linearibus reticulata, interstitiis opacis punctatis, punctis subocellaribus. Sutura denticulata. Tarsi lutei.

Aus Brasilien. Gröfse und Gestalt der eben beschriebenen Art, doch etwas breiter und durch die

Stellung der auf den Deckschilden gebildeten Fächer und die Beschaffenheit der eingedrückten Punkte unterschieden. Der Kopf grofs, aber flach, punktirt bis auf die Stirn, die etwas eingedrückt ist. Lefze, Frefsspitzen und Fühler rothgelb, an letztern das erste Glied oben dunkel. Das Rückenschild runzlicht, flach genetzt und punktirt. Eine Punktreihe steht dicht am vordern Rande, die anderen Punkte stehen einzeln und zerstreut, haben einen deutlichen Ring und erscheinen als höchst kleine Augenpunkte. Der Rükken ist erhöhet und der Höcker in eine seichte Längsfurche getheilt; der hintere Rand ist zu jeder Seite eingebogen, in der Mitte vorgezogen und ausgerandet. Das Schildchen ist von dreieckiger Form. Die Deckschilde erscheinen durch linienförmige bogigt verbundene Erhöhungen genetzt. In den Vertiefungen finden sich zerstreut, doch deutlicher noch wie auf dem Rückenschilde, kleine Augenpunkte. Der innere Rand ist gezahnt. Brust, Bauch und Schenkel sind voll flach eingedrückter Punkte, die am Ende des Hinterleibes und an dessen Seiten netzförmig und zu unregelmäfsigen Flecken zusammenlaufen. Die Fufsglieder sind röthlichgelb.

34. *Chlamys difficilis.*

Tab. VIII. Fig. 10.

Chlamys thorace nodoso elytrisque oblique transversim angulato-tuberculatis punctatis obscura, macula frontali transversa, antennis tarsisque luteis. Long. lin. $2\frac{1}{2}$.

P a t r i a: Brasilia. Ex Museo G e r m a r.

Simillima Chlam. tenebrosae ejusdemque staturae. Cuprea, obscura. Caput punctatum maculis tribus inter oculos fasciam transversam constituentibus labroque ferrugineis. Antennae compressae, obscure luteae. Thorax punctatus, nodosus, dorso quadrituberculatus, canaliculatus. Scutellum triangulare laeve. Elytra tuberculata punctata tuberculis compressis lineas tres angulatas oblique transversas intermedias parallelas referentibus, punctis parvis subocellaribus. Margo internus denticulatus. Pectus, abdomen, pedes ut in praecedentibus.

Aus Brasilien. Gröfse, Gestalt und Färbung der Chlamys tenebrosa. Der Kopf ist flach punktirt. Zwischen den Augen stehen fast zusammenhängend als Queerbinde drei braunrothe Flecken. Von derselben Farbe ist die Lefze. Die Fühler sind zusammengedrückt und dunkel röthlichgelb. Das Rückenschild punktirt und durch weniger merkliche Erhabenheiten ungleich, hat den gewöhnlichen Höcker an welchem vier in einem Viereck gestellte erhöhete Punkte und eine seichte Längsfurche zu bemerken sind. Rückenschildchen, Brust, Bauch und Beine sind wie bei den vorhergehenden Arten. Die Deckschilde sind durch Höcker und Eindrücke ungleich. Die ersteren sind zusammengedrückt, durch sie werden vornemlich drei zackigte Linien gebildet, welche schräg von aufsen nach der Nath hin die Decken durchschneiden. In den grubenförmigen Vertiefungen stehen Punkte, die, wie bei den vorhergehenden Arten einen schmalen Ring und einen durch lebhafteren Glanz bemerkbaren Mittelpunkt haben. Die Nath ist mit feinen Zähnchen dicht besetzt.

35. *Chlamys purpurascens.*

Tab. VIII. Fig. 11.

Chlamys thorace punctato-reticulato tuberculato, elytris reticulatis, fusco-aenea antennis tarsisque luteis. Long. lin. 2¼.

Habitat in Brasilia. Dedit de Winthem.

Affinis praecedentibus subglobosa, obscura, nigro purpurascens, cupreo-micans. Caput subrugosum, vertice impresso, ore luteo. Antennae thorace breviores luteae. Thorax multituberculatus reticulatus, medio elevatus postice emarginatus. Scutellum laeve, utrinque productum. Elytra lineis elevatis concatenatis inaequalia reticulata loculosa, sparsimque in interstitiis punctata. Sutura distincte denticulata. Pectus abdomenque reticulata.

Aus Brasilien. 2¼ Linien lang. Den vorhergehenden Arten ähnlich, doch im Verhältnifs etwas breiter. Die Farbe dunkelpurpurfarben, beinah schwarz, mit Kupferglanz. Der Kopf mit eingedrücktem Scheitel, unregelmäfsig punktirt, runzlicht. Das Schildchen rothgelb. Die Fühler blafs röthlichgelb. Das Rückenschild flach punktirt, die Punkte zum Theil durch Queerstriche verbunden, die Mitte erhöhet, vielfach stumpfhöckerig. Das Rückenschildchen fast dreieckig, ziemlich glatt, tiefliegend mit vorgezogenen Hinterwinkeln. Auf den Deckschilden in der Mitte einzelne gröfsere durch erhöhete Linien gebildete Vertiefungen deren Flächen weitläuftig punktirt sind. Zwischen diesen und am Rande ein netzförmiges Gewebe dicht an einander gereiheter Grübchen. Die Nath deutlich gezahnt. Brust und Bauch durch erhöhete Linien und flach eingestochene Punkte

wie

wie genetzt. Die Beine fast schwarz, die Fufsglieder rothgelb.

36. *Chlamys inaequalis.*

Tab. VIII. Fig. 12.

Chlamys capite thoraceque vage punctatis, multituberculatis aenea, obscura, labro, antennis tarsisque luteis. Long. lin. $2\frac{1}{3}$.

Habitat in Brasilia. de Winthem.

Statura praecedentis. Caput punctatum, nigroaeneum clypeo obscuriori, labro palpisque luteis, mandibulis nigris. Antennae thorace breviores, subserratae luteae. Thorax vage punctatus multituberculatus, tuberculis lateralibus laevibus obtusis, intermediis elevatioribus angulatis submuricatis. Scutellum subquadratum immersum, laeve, lineola abbreviata elevata baseos. Elytra foveolata, oblique transversim angulato-rugosa subtuberculata, sutura crenata. Tarsi lutei.

Aus Brasilien. Länge $2\frac{1}{3}$ Linien. Gestalt der vorhergehenden Art. Schwärzlich mit mattem Metallglanz. Der Kopf punktirt, das Kopfschild dunkler; Lefze und Fühler röthlichgelb. Das Rückenschild einzeln punktirt, sehr höckrig, die Höcker ziemlich flach, an den Seiten gerundet, in der Mitte kantig. Das Schildchen fast viereckig glatt, mit einer abgebrochenen erhöheten Linie am Grundtheil. Die Deckschilde voller Grübchen, von erhöheten in Winkeln zusammenstofsenden, schräg von aufsen nach der Nath verlaufenden Linien durchzogen. Die Nath gezahnt. Die Beine mit Kupferglanz. Die Fufsglieder röthlichgelb.

37. *Chlamys flavifrons.*

Tab. IX. Fig. 1.

Chlamys thorace elytrisque punctatis, tuberculatis, aenea, capite, tarsis femorumque basi luteis. Long. lin. 2.

Habitat in Brasilia. Misit Dr. de Olfers.

Caput laeve luteum, labro ferrugineo. Antennae thorace breviores, serratae, luteae, apice fuscae. Thorax sparsim punctatus, tuberculatus, medio gibbosus, gibbere quadrituberculato sulcato. Scutellum impressum laeve. Elytra sparsim impresso-punctata subtuberculata, tuberculis transversis diffusis. Sutura crenata. Pectus abdomenque punctis magnis impressis inaequalia, subreticulata. Pedes punctati. Femora anteriora ultra dimidium, postica basi nonnisi lutea. Tarsi lutei.

Aus Brasilien. Zwei Linien lang. Der Kopf flach, glatt, rothgelb, mit rothbrauner Lefze. Die Fühler kürzer als das Rückenschild, gesägt, rothgelb, die letzten Glieder dunkler. Das Rückenschild mit Erhabenheiten besetzt, deren vier in der Mitte deutlicher und zugespitzt und durch eine Längsfurche geschieden sind. Aufserdem hin und wieder eingedrückte Punkte. Das Rückenschildchen wie gewöhnlich. Auf den Deckschilden finden sich wellenformig in die Queere verlaufend einige schwache Erhabenheiten, zwischen diesen eingestochene Punkte. Die Nath ist deutlich gekerbt. Brust und Unterleib erscheinen wie genetzt durch flache eingedrückte Punkte. Die Beine sind punktirt. Die Schenkel an der Wurzel, die vordern bedeutender als die hintersten, rothgelb. Auch die Fufsglieder sind rothgelb.

38. *Chlamys cupricollis.*

Tab. IX. Fig. 2.

Chlamys punctata, tuberculato-reticulata obscura, capite thoraceque cupreis. Long. lin. 2¼.

Habitat in Brasilia. Misit Dr. de Olfers.

Statura fere C. plicatae. Caput punctatum labro luteo. Mandibulae nigrae. Antennae vix thorace breviores serratae, luteae articulo primo dorso cupreo. Thorax sparsim punctatus, medio elevatus tuberculatus. Scutellum immersum. Elytra lineis elevatis reticulata ad basin tuberculata, sparsim punctata, obscura, atro-purpurea, lineis tuberculisque apice cupreis. Margo internus crenatus. Pectus abdomenque punctata obscura atro purpurea, lateribus anoque cupreis. Pedes obscuri cupreo-micantes. Plantae tomento pallido tectae.

Aus Brasilien. Länge 2¼ Linien. Gestalt der Chlamys plicata und der vorhergehenden Arten. Kopf lebhaft kupferroth glänzend, punktirt. Lefze rothgelb, Freſszangen schwarz. Fühler ein wenig kürzer als das Rückenschild, gesägt, rothgelb und nur das erste Glied oben mit kupfrigem Glanz. Das Rükkenschild einzeln punktirt in der Mitte bucklig und mit deutlicheren Höckern besetzt. Das Schildchen nur klein, eingesenkt und dunkel. Die Deckschilde dunkel purpurfarben, einzeln punktirt, durch Linien genetzt, welche, besonders am Grundtheil in Hökker sich erheben und an der scharfen Kante kupferroth glänzen. Die Nath ist gekerbt. Brust und Hinterleib sind flach punktirt, dunkel purpurfarben, die Seiten des Bauches und die Endspitzen des Hinterleibes wie Kupfer glänzend. Die Beine sind dunkel gefärbt, kupfrig glänzend und die Sohlen mit einem blafsgelblichen Filz bedeckt.

39. *Chlamys fuscipes.*

Tab. IX. Fig. 3.

Chlamys punctata, tuberculata, atropurpurea, thoracis dorso et lateribus, capite pedibusque ferrugineis. Long. lin. 3.

Habitat in Brasilia. Dr. de Olfers.

Statura fere C. monstrosae. Caput punctatum. Antennae serratae ferrugineae. Mandibulae nigrae. Thorax ferrugineus punctatus, medio elevatus rugosus bituberculatus sulcatus sulco longitudinali subfusco, postice fuscus. Scutellum fuscum. Elytra punctis profunde impressis lineis elevatis obliquis, tuberculisque baseos inaequalia, fusco-nigra, cupreopurpurascentia sutura crenata. Pectus abdomenque reticulata fusca. Pedes ferruginei, postici obscuriores. Tibiae sulcatae, subfuscae.

Aus Brasilien. Länge drei Linien. Gestalt der Chlamys monstrosa. Kopf punktirt sammt Lefze und Fühlern rostfarben. Frefszangen schwarz. Rückenschild rostfarben, hinterwärts fast schwarz an den Seiten hell. Tief eingedrückte Punkte an den Seiten, in der Mitte Unebenheiten und zwei deutliche Höcker, welche durch eine dunkler gefärbte Längsfurche getrennt sind. Schildchen von dunkler Färbung. Deckschilde dunkel schwarzbraun mit purpurähnlichem Kupferglanz, einzeln und stark punktirt, von erhabenen Linien schräg durchzogen, an dem Grundtheile höckerig. Nath gekerbt. Brust und Hinterleib fein genetzt, dunkel schwarzbraun. Beine rostfarben, die hintersten so wie sämmtliche Schienen dunkler gefärbt.

40. *Chlamys rutila.*

Tab. IX. Fig. 4.

Chlamys thorace rugoso, bielevato, elytris punctatis tuberculatis, ferruginea supra fusca. Long. lin. 3.

Habitat in Brasilia: Misit Dr. de Olfers.

Magnitudine et statura praecedentis. Caput planum, punctatum, rufum, occipite fusco. Antennae serratae rufae. Mandibulae nigrae. Thorax lateribus punctatus, medio elevatus rugosus bituberculatus, tuberculis sulculo divisis, antice ferrugineus postice subfuscus. Scutellum parvum postice utrinque productum, fuscum. Elytra punctato-rugosa, tuberculata, tuberculis circa sedecim, aliis omnino fusca, apice ferruginea aliis ferruginea dorso tuberculisque fuscis. Sutura crenata. Pectus abdomenque reticulata vel fusca ano ferrugineo, vel ferruginea tota. Pedes ferruginei.

Aus Brasilien. Länge: gegen drei Linien. Gestaltet wie die vorhergehende Art. Kopf flach punktirt gelbröthlich mit dunklerem Hinterkopf. Fühler gesägt, gelbroth. Frefszangen schwarz. Rückenschild punktirt, in der Mitte erhöhet und runzlich mit zwei Höckern, die durch eine Längsfurche geschieden sind. Vordere Hälfte röthlich, hintere dunkelbraun gefärbt. Schildchen von dunkelbrauner Farbe. Deckschilde durch Punkte gerunzelt, mit etwa sechszehn Höckerchen in schrägen Queerreihen besetzt, bei einigen dunkel gefärbt, und an der Spitze röthlich, bei andern braunroth, selbst gelbroth, und dunkler nur der mittlere Raum und die Spitzen der Höcker. Nath gekerbt. Brust und Hinterleib genetzt, entweder dunkelschwarzbraun mit hellbrauner Spitze oder durchaus gelbbraun. Die Beine von brauner oder gelbbrauner Farbe.

41. *Chlamys rufa.*

Tab. IX. Fig. 5.

Clythra thorace gibboso, punctulato, elytris punctatis tuberculatis, rufo-testacea, dorso tuberculisque purpurascentibus. Long. lin. 3.

Habitat in Brasilia. Misit Dr. de Olfers.

Simillima praecedenti. Brevis, subquadrata. Caput planum rufum mandibulis oculisque nigris. Antennae thorace breviores, serratae, rufae. Thorax elevatus subtiliter punctatus, medio sulcatus litura utrinque media lineari obliqua maculaque postica purpurascentibus. Scutellum rufum basi purpurascens. Elytra-punctato-striata, tuberculata rufo-testacea, medio sanguineo-maculata, tuberculis in singulo elytro tredecim purpurascentibus, baseos duobus majoribus. Sutura crenata. Pectus abdomenque punctata rufa. Pedes concolores.

Aus Brasilien. Drei Linien lang. Sehr ähnlich der eben beschriebenen Art; kürzer jedoch und von beinah viereckiger Form. Grundfarbe ein ins Gelbliche fallendes Roth. Der Kopf sammt den Fühlern einfarbig. Augen und Freſszangen schwarz. Das Rückenschild dicht punktirt, in einen Höcker erhaben, den eine Längsfurche theilt, an den Seiten heller gefärbt, nach hinten jedoch jederseits dunkel purpurroth, auſserdem von einem hellrothen Streifen, der von dem Mittelpunkt der Spitze zur Mitte des

Seitenrandes schräg verläuft durchzogen. Das Schildchen an seinem Grundtheil dunkler. Die Deckschilde in der Mitte dunkler, voll eingedrückter Punkte und mit spitzen dunkelrothen Erhabenheiten besetzt, deren jedoch nicht so viele, als bei der vorhergehenden Art, nur dreizehn etwa auf jeder Decke, unter ihnen zwei von ansehnlicherer Gröfse an der Wurzel unweit der Nath, anzutreffen sind. Die Nath ist gekerbt. Brust, Bauch und Beine sind punktirt und gelbroth.

42. *Chlamys frenata.*

Tab. IX. Fig. 6.

Chlamys thorace elevato gibboso, elytris punctatis basi tuberculatis rufo-testacea, striis tuberculisque ferrugineis. Long. lin. $2\frac{1}{2}$.

Habitat in Brasilia. Misit Dr. de Olfers.

Statura praecedentis. Caput punctatum, rufo-testaceum linea inter oculos angulari ferruginea. Mandibulae apice ferrugineae. Antennae breves, serratae rufae. Thorax subtiliter granulosus, medio valde elevatus tuberculo emarginato, testaceus dorso rufo-testaceus linea media transversa utrinque a tuberculi apice ad marginem later m ducta, macula baseos obliqua triangulari contigua, margineque postico ferrugineis. Scutellum rufo-testaceum. Elytra sparsim punctata, basi tuberculata apice tuberosa, rufo-testacea, tuberculis quinque, baseos duobus majoribus emarginatis, striaque obliqua transversa ferrugineis, tuberibus tribus linearibus obtusis concoloribus. Sutura crenata. Pectus abdomenque reticulata rufo-testacea. Pedes rufo-testacei, anteriores ferrugineo-maculati.

Vaterland: Brasilien. Länge: 2½ Linien. Rothgelb. Der Kopf punktirt, mit einer dunkelbraunen spitzwinklichten Zeichnung an der Stirn. Die Frefszangen mit dunkelbraunen Spitzen. Die Fühler gelbroth. Das Rückenschild fein gekörnt, mit starkem in der Mitte ausgerandetem Höcker von dessen Spitze nach der Mitte des Seitenrandes eine braune Linie herabläuft. Noch ist hinter dieser ein brauner schräg dreieckiger Fleck. Auch ist der ganze hintere Rand dunkelbraun. Das Schildchen ist röthlich. Die Deckschilde punktirt und blafsrothgelb, haben an der Spitze drei Beulen von derselben Farbe, ihre vordere Hälfte aber ist mit Höckerchen besetzt, von welchen drei kleinere nach der Mitte zu, die beiden gröfseren dunkelbraun gefärbten und an der Seite ausgerandeten, dem Nathwinkel nahe stehen. Die Nath ist fein gezahnt und durch die Deckschilde läuft schräg aufwärts dem Schulterwinkel zu eine dunkelbraune Linie. Brust und Hinterleib sind fein genetzt, die Beine röthlichgelb, Schenkel und Schienen der vorderen dunkler roth gefleckt.

43. *Chlamys aurita.*

Tab. IX. Fig. 7.

Chlamys punctata, tuberculata, fusca, luteo-maculata. Long. lin. 2.

Habitat in Brasilia. Donavit de Winthem.

Elongata, subquadrata. Caput subtilissime punctatum, medio excavatum luteum, vertice macula fusca. Labrum ferrugineum. Mandibulae fuscae. Antennae thorace breviores, subserratae fuscae, basi ferrugineae. Oculi fusci. Thorax utrinque laevis luteus, medio punctato-reticulatus, scaber, fuscus dorso bi-

tuberculatus macula media emarginata baseos subquadrata maculis duabus lateralibus oblongis, quatuorque ad marginem anticum minoribus obsoletioribus luteis. Scutellum subquadratum fuscum. Elytra punctata, tuberculata, lutea, macula majori flexuosa media, minoribus lateralibus aliisque ad apicem fuscis. Sutura denticulata. Pectus reticulatum luteum, medio fuscum. Venter luteus, macula media, litura utrinque lineari punctisque ad apicem fuscis. Pedes lutei, femoribus tibiisque macula, tarsis omnino fuscis.

Vaterland Brasilien. Länge zwei Linien. Gestalt länglich viereckig. Farbe röthlichgelb. Der Kopf schwach punktirt, mit einer tiefen Stirngrube und schwärzlich braunem Scheitelfleck. Die Lefze bräunlich, die Freſszangen dunkler. Die Fühler kürzer als das Rückenschild, gesägt, dunkel schwarzbraun, die ersten Glieder hellbraun. Das Rückenschild ist nur in der Mitte grob punktirt, braunschwarz, und dunkel braungelb gefleckt, an den Seiten fast glatt und in Gestalt groſser Flecken rothgelb. Der Rücken endigt in zwei kurze Spitzen mit welchen hinterwärts zwei kaum merkliche Hervorragungen zusammenhängen. Der braunschwarze mittlere Theil ist auf folgende Weise gefleckt: ein nach hinten ausgerandeter Fleck in der Mitte und unmittelbar vor den zugespitzten Rückendornen, ein fast viereckiger Fleck hinter dem Rückenhöcker, ein länglicher zu jeder Seite des Höckers, vier kleine undeutliche Flecken am vorderen Rande des Rückenschildes. Das Rukkenschildchen ist beinah viereckig und einfarbig braunschwarz. Die Deckschilde sind durch einzeln stehende, ziemlich spitzige Höcker ungleich, in den

Vertiefungen und am Rande punktirt, rothgelb mit einem grofsen zwischen den Erhöhungen sich windenden gröfseren Mittelfleck und einigen kleineren rundlichen Flecken an der Seite und den Enden von braunschwärzlicher Färbung. Die Nath ist gezahnt. Brust und Bauch sind leicht genetzt, rothgelb, in der Mitte schwarzbraun, ein Queerstrich an der Seite des Unterleibes und ein kleiner Fleck jederseits an der Spitze vor dem letzten Bauchsegment sind von der nämlichen Färbung. Die Beine sind rothgelb, die Schenkel so wie die Schienen aufsen in der Mitte mit einem braunen Fleck bezeichnet. Die Fufsglieder sind schwärzlich,

44. *Chlamys echinata.*

Tab. IX. Fig. 8.

Chlamys crocea, elytris tuberculis ferrugineis. Long. lin. $2\frac{1}{2}$.

Patria: Brasilia. Misit Dr. de Olfers.

Statura praecedentium. Caput punctatum macula media mandibulisque ferrugineis. Antennae serratae, articulo primo dorso, ultimis quatuor omnino ferrugineis. Thorax subtilissime punctatus, dorso granulatus bielevatus. Scutellum breve. Elytra punctato-striata tuberculata, tuberculis in singulo elytro tredecim, illis baseos apicisque elevatioribus ferrugineis, intermediis minoribus concoloribus. Sutura subtilissime denticulata. Pectus abdomenque subtilissime reticulata laete crocea. Pedes crocei femoribus tibiisque puncto ferrugineo.

Aus Brasilien. Länge $2\frac{1}{2}$ Linien. Farbe lebhaft saffrangelb. Der Kopf punktirt mit braunen Stirnfleck und Frefszangen. An den kurzen gesägten Fühlern sind die Endglieder durchaus, vom ersten Gliede nur die obere Seite dunkelbraun. Der Rückenschild ist sehr fein punktirt, in der Mitte körnicht, in zwei stumpfrunde Höcker auslaufend. Das Schildchen ist nur kurz. Die Deckschilde haben Punktstreifen und etwa 13 Höcker, von welchen die beiden an der Wurzel und die an der Spitze durch ansehnlichere Gröſse und dunkle Färbung sich auszeichnen, die Höcker in der Mitte der Deckschilde dagegen, da sie kleiner und gleichfarbig sind, weniger auffallen. Die Nath ist sehr fein und kaum merklich gezähnelt. Brust und Bauch sind höchst fein genetzt, hellgelb. Die Beine sind gelb, Schenkel und Schienen mit einem braunen Punkt bezeichnet.

45. *Chlamys porosa.*

Tab. IX. Fig. 9.

Chlamys punctata, rufo-testacea, ferrugineo-maculata, elytris ferrugineis, tuberculis rufo-testaceis. Long. lin. 3.

Habitat in Brasilia. Misit Dr. de Olfers.

Habitus Chl. fuscipedis, rutilae et affinium. Caput planum, macula media marginibusque ferrugineis. Labrum emarginatum. Antennae breves luteae. Mandibulae ferrugineae. Thorax subglobosus ubique punctatus, dorso vix bituberculatus, ferrugineo-maculatus, margine postico fusco. Scutellum ferrugineum macula media rufa. Elytra ubique impresso-punctata ferruginea, lineolis tuberculisque obtusis glabris rufo-testaceis variegata, basi fusco-marginata, margine interno subtiliter denticulata. Pectus abdomenque levissime punctata, ferrugineo-maculata. Pedes femoribus tibiisque medio obscurioribus.

Aus Brasilien. Drei Linien lang. Gestaltet wie Chlamys fuscipes. Grundfarbe gelbroth. Der Kopf flach, kaum punktirt, ein Stirnfleck und der ganze sichtbare Rand rothbraun. Die Frefszangen braun. Die Fühler kürzer als das Rückenschild, einfarbig rothgelb. Das Rückenschild dicht punktirt, mäfsig gewölbt, nach hinten in zwei kleine Erhöhungen auslaufend, überall dicht punktirt, rothbraun gefleckt, mit schwarzbraunem Hinterrande. Das Schildchen fast viereckig, braun mit rothgelbem Mittelfleck. Die Deckschilde voll tiefer eingestochener Punkte oder Grübchen, rothbraun, am Vorderrande schwarzbraun mit einem dicht anstofsenden Streif und auf der ganzen Fläche vertheilt mehreren theils linien- theils punktförmigen glatten Erhöhungen von rothgelber Farbung. Die Nath ist sehr fein gezahnt. Brust und Hinterleib sind fein genetzt, schwach gefleckt, die Beine gleichfalls gelbroth, nur Schenkel und Schienen in der Mitte etwas dunkler.

46. *Chlamys corallina.*

Tab. IX. Fig. 10.

Chlamys rufescens capite thoraceque punctatis fusco-maculatis, elytris reticulato-tuberculatis. Long. lin. 2½.

Patria: Brasilia. Misit Dr. de Olfers.

Antecedentium habitu. Color fere luteus. Caput planum, macula frontali mandibulisque fuscis. Antennae serratae luteae apice nigrae. Thorax punctatus margine postico maculisque fuscis. Scutellum parvum. Elytra rufa punctata punctis fuscis impressis, rugosa, tuberculata, tuberculis transversis linearibus compressis acutis, uno ad basin pone medium, altero ad suturam majoribus. Sutura acute denticulata. Pectus abdomen pedesque subtilissime reticulata lutea.

Vaterland Brasilien. Länge $2\frac{1}{2}$ Linien. Die Grundfarbe ist lebhaft rothgelb. Am Kopf ein Stirnfleck, die Freſszangen und Fühlerspitzen, am Rükkenschild, welches gewölbt und seicht punktirt ist, der Hinterrand und einige Flecken schwarzbraun. Das Schildchen ist nur klein. Die Deckschilde sind dunkler roth, voll tief eingedrückter schwärzlicher Punkte, und ungleich durch Queerhöcker, welche zusammengedrückt und zugeschärft und von welchen der eine unweit der Mitte des vorderen Randes, der andere in der Mitte der Nath gröſser als die übrigen sind. Die Nath ist fein, aber scharf und deutlich gezahnt. Brust, Hinterleib und Beine sind fein genetzt, und etwas heller gefärbt, als der übrige Körper.

47. *Chlamys exarata.*

Tab. IX. Fig. 11.

Chlamys rufa, thorace coleoptrisque rugosis, quadri-sulcatis. Long. lin. $2\frac{2}{3}$.

Habitat in Brasilia. Misit Dr. de Olfers.

Statura fere praecedentium. Color fere sanguineus. Caput planum, punctatum, antennis apice mandibulisque nigris. Thorax gibbosus valde rugosus, sulcis quatuor apice coëuntibus nigris exaratus, dorso quadri-tuberculatus, tuberculis coacervatis obtusis. Scutellum concolor. Elytra lineis longitudinalibus elevatis lineolisque transversis reticulata, rugosa, bisulcata, sulcis longitudinalibus, exteriori interrupto, profundis nigris. Sutura denticulata. Pectus reticulatum. Abdomen reticulatum apice punctatum. Pedes punctati, tibiis macula fusca.

Aus Brasilien. Mehr als 2½ Linien lang. Hochroth, oben fast blutroth. Der Kopf punktirt. Fühlerspitzen und Freſszangen schwarz. Der Rücken gewölbt, sehr uneben, von vier in der Tiefe dunkelgefärbten vorn zusammenstoſsenden Furchen durchzogen, die höchste Spitze auslaufend in vier dicht zusammengedrängte stumpfe Höcker. Das Schildchen einfarbig. Die Deckschilde gegittert, indem erhabene Längslinien durch Queerstriche verbunden sind, auſserdem gefurcht, zwei in der Tiefe geschwärzte Furchen auf jeder Decke, die auswendige dicht über der Mitte abgesetzt und unterbrochen. Der Innenrand ist deutlich mit scharfen Zähnchen besetzt. Die Brust ist leicht genetzt. Der Hinterleib genetzt, an der Spitze punktirt. Auch die Beine sind punktirt und haben die Schienen einen schwärzlichen Fleck.

48. *Chlamys sellata.*

Tab. IX. Fig. 12.

Chlamys rufa, punctata, elytris linea elevata transversa divisis. Long. lin. 2.

Patria: Parà. Misit Sieber. Ex Museo Comit. de Hoffmannsegg.

Subquadrata. Caput planum, rufo - testaceum, antennis apice mandibulisque nigris. Thorax subtilissime granulatus gibbosus luteus dorso canaliculatus, utrinque ferrugineus. Scutellum ferrugineum. Elytra lineolis elevatis punctisque impressis inaequalia obscure rufa ad basin testacea, subtuberculata medio ferruginea lineaque elevata flexuosa obliqua divisa. Sutura denticulata. Pectus subtiliter reticulatum obscure rufum medio nigrum. Abdomen reticulatum, apice punctatum, rufum. Pedes rufi, tarsis ferrugineis.

Von Parà in Brasilien. Zwei Linien lang. Ziemlich viereckig. Der Kopf flach, gelbroth. Fühlerspitzen und Freſszangen schwarz. Das Rückenschild fein gekörnt, gelbroth, in der Mitte erhaben, der Höcker lebhaft rothgelb, durch eine Furche in der Mitte getheilt und neben dieser rothbraun gefärbt. Das Schildchen klein und braun. Die Deckschilde voll eingedrückter Punkte und hin und wieder erhöheter Linien, in der vordern Hälfte auf blaſs gelblichgrauem Grunde einige unbedeutende Höcker, durch die Mitte schräg vom Auſsenwinkel nach der Nath ein brauner Streif und vor demselben eine mehrfach gebogene erhabene und scharfkantige Gränzlinie. Die Nath ist fein gezahnt. Brust und Hinterleib sind genetzt, röthlich, erstere in der Mitte schwarz, letzterer an der Spitze punktirt. Die Beine sind gelbroth bis auf die Fuſsglieder, welche dunkelbraun sind.

49. *Chlamys pellucida.*

Tab. X. Fig. 1.

Chlamys thorace granulato punctato elytris rugosis, punctatis, ochracea, rubro-maculata. Long. lin. $2\frac{1}{2}$.

Patria: Parà in Brasilia. Misit Sieber. Ex coll. Comit. de Hoffmannsegg.

Statura praecedentium. Laete ochracea et succini instar subpellucida. Caput adpressum subpunctatum, vertice sanguineo macula media nigricanti. Mandibulae ferrugineae. Antennae dorso apiceque fuscae. Thorax elevatus, fascia transversa media maculisque duabus posticis rubris. Scutellum ferrugineum. Elytra lineis subelevatis tuberculisque obtusis inaequalia, granulata, punctata vitta laterali maculaque dorsali communi rubris, punctis sparsim impressis nigricantibus, sutura denticulata. Pectus abdomenque subtilissime reticulata. Pedes punctulati.

Vaterland Parà. Länge 2½ Linien. Lebhaft bräunlichgelb, in manchen Richtungen durchscheinend wie Bernstein. Der Kopf flach, wenig punktirt, nach hinten dunkelroth mit einem schwärzlichen Scheitelfleck. Die Fühler sind oben und an den Spitzen schwärzlich, die Freſszangen schwarzbraun. Das Rükkenschild ist stark gewölbt, überall feinkörnicht, durchzogen von einer breiten rothen, fast zimmetbraunen Binde, hinter welcher noch zwei Flecken von der nemlichen Färbung und auſserdem überall auf der ganzen Fläche leicht eingestochene dunklere Punkte zerstreut sichtbar sind. Das Schildchen ist braun. Der Grund der Deckschilde ist wie beim Rückenschilde fein gekörnt, dann auch durch einige nur wenig erhabene bogenförmig verlaufende und zurücklaufende Linien ungleich. Die eingedrückten Punkte sind hier noch deutlicher und dunkler als auf dem Rückenschilde. Die Seiten sowohl als der Rücken der Deckschilde sind dunkler roth und ganz so, wie die dunklen Stellen des Rückenschildes gefärbt. Die Nath ist fein und scharf gezahnt. Brust und Hinterleib sind fein genetzt, die Beine punktirt.

50. *Chlamys reticulata.*

Tab. X. Fig. 2.

Chlamys thorace punctato, elytris punctato-reticulatis, basi tuberculatis, ochracea ferrugineo-maculata. Long. lin. 2½.

Habitat in Brasilia. Misit Dr. de Olfers.

Sta-

Statura praecedentium. Caput punctatum ferrugineum medio rufum. Labrum laeve rufum. Mandibulae ferrugineae. Antennae serratae fuscae basi ferrugineae. Thorax globosus, impresso-punctatus ochraceus, dorso ferrugineo-maculatus. Scutellum brevissimum ferrugineum. Elytra reticulata ubique punctata, sublineata, basi subtuberculata ochracea macula humerali, litura baseos, fascia maculari transversa apiceque ferrugineis. Pectus punctatum ferrugineum. Abdomen ochraceum ferrugineo-maculatum. Pedes ferruginei.

Vaterland Brasilien. Länge $2\frac{1}{2}$ Linien. Gestalt wie gewöhnlich. Hell roth- oder braungelb. Der Kopf punktirt, an den Seiten rothbraun. Die Lefze glatt, glänzend und hell gefärbt. Die Fresszangen dunkler. Die Fühler gesägt, fast schwarz, die beiden ersten Glieder braunroth. Der Halsschild ziemlich gewölbt, voll flach eingedrückter Punkte, und oben in einander laufender braunrother Flecke. Das Rükkenschildchen sehr kurz, rothbraun. Die Deckschilde fein genetzt, voll Vertiefungen, höckricht nur am Vorderrande und in der Mitte der Nath, braungelb mit rothen Flecken, von denen einer am Aussenwinkel befindlich ist, die andern in Gestalt einer Binde die Mitte der Deckschilde durchziehen. Auserdem sind noch die Spitzen der Deckschilde und ein Schatten am vorderen Rande derselben rothbraun. Brust und Hinterleib sind fein punktirt, wie genetzt, erstere rothbraun, letzterer hell braungelb mit rothbraunen Flecken. Die Beine sind einfarbig braun.

51. *Chlamys granulata.*

Tab. X. Fig. 3.

Chlamys thorace gibboso granulato, elytris tuberculatis reticulatis, rufa, antennis apice nigris. Long. lin. 2.

Habitat in Brasilia. De Winthem.

Elongata, subquadrata, rufo-ferruginea. Caput punctatum, punctis obiter impressis, labro luteo, mandibulis oculisque nigris. Antennae thoracis fere longitudine compressae, serratae, luteae, apice nigrae. Thorax ubique granulatus, dorso gibbosus gibbere rotundato obtuso. Scutellum parvum. Elytra tuberculis compressis linearibus acute carinatis reticulata, in interstitiis foveolata, sutura crenata. Pectus abdomenque obsolete reticulata, segmento anali punctulato testaceo. Pedes rufo-testacei.

Aus Brasilien. Zwei Linien lang. Von länglicht viereckiger Gestalt und lebhaft rothbrauner Färbung. Der Kopf ist seicht punktirt, die Lefze gelbbräunlich, Augen und Mandibeln schwarz. Die Fühler, etwa so lang als das Rückenschild, sind zusammengedrückt, gesägt, rothgelb mit schwarzen Spitzen. Das Rückenschild ist überall fein gekörnt, in der Mitte in einen rundlichen Höcker erhöhet. Das Schildchen ist nur klein. Die Deckschilde erscheinen verschiedenartig genetzt, weitläuftiger durch erhöhete Leisten, mit scharfen Kanten, welche in gerader oder schräger Richtung die Deckschilde durchziehen, und mehrentheils durch kürzere Queerleisten verbunden sind, enger durch grubenförmige Vertiefungen, welche sich in den auf eben angegebene Weise gebildeten Zellen, jedoch auch aufserdem und zahlreich an den Spitzen der Decken finden. Die Nath ist fein gekerbt. Die untere Seite ist flach genetzt, die Endspitze des Hinterleibes gelblich mit schwach eingestochenen Punkten. Die Beine sind einfarbig gelblichroth.

52. *Chlamys maculata.*

Tab. X. Fig. 4.

Chlamys lutea, elytris reticulatis dorso sanguineo-maculatis. Long. lin. $2\frac{1}{4}$.

Habitat in Brasilia. Misit Dr. de Olfers.

Simillima praecedenti. Color laete fulvus. Caput planum, antennis apice mandibulisque nigris. Thorax subelevatus subtilissime punctulatus, lucidus dorso rufo-maculatus. Scutellum margine rufum. Elytra lineis elevatis reticulata, foveolata, nec tuberculata, basi apiceque sanguinolenta medio sanguineo-bimaculata. Sutura crenata. Pectus abdomenque subtilissime reticulata. Pedes punctulati femoribus tibiisque medio subrufis.

Aus Brasilien. Kaum länger als 2 Linien. Sehr ähnlich der vorhergehenden Art, nur ohne Höcker auf den Deckschilden. Grundfarbe lebhaft rothgelb wie durchscheinend. Der Kopf flach. Mandibeln und Fühlerspitzen schwarz. Das Rückenschild etwas gewölbt, kaum merklich punktirt, auf der Höhe und nach vorn etwas rothgefleckt. Das Schildchen klein mit dunklerem Rande. Die Deckschilde leicht genetzt, voller Grübchen, vorn, besonders am Schulterwinkel und an den Spitzen roth gefärbt, in der Mitte roth gefleckt. Flecke sind zwei von länglichrunder Gestalt, einer neben dem andern in der Nähe der Nath. Diese ist fein gezahnt. Brust und Hinterleib sind fein genetzt, die Beine leicht punktirt, Schenkel und Schienen in der Mitte röthlich.

53. *Chlamys condita.*

Tab. X. Fig. 5.

Chlamys lutea, rufo-maculata, elytris sparsim subtuberculatis. Long. lin. $2\frac{1}{2}$.

Habitat in Brasilia. Misit Dr. de Olfers.

Statura fere Chl. rutilae ac rufae. Caput planum punctulatum immaculatum. Antennae breves serratae unicolores. Mandibulae ferrugineae. Thorax subglobosus, subtiliter punctatus, dorso tuberculatus, tuberculis parum elevatis rufescentibus granulosis apice subrecurvis. Scutellum parvum. Elytra indistincte reticulata, impresso-punctata, punctis nigricantibus, medio apiceque tuberculata, pallida, macula magna axillari et suturali obliqua rufis. Sutura denticulata. Pectus abdomenque reticulata. Pedes punctulati.

Aus Brasilien. Länge $2\frac{1}{2}$ Linien. Gestalt der Chlamys rutila. Rothgelb. Die Fühler einfarbig, die Frefszangen braun. Das Rückenschild fein punktirt, in der Mitte in einen doppelten jederseits rothen gekörnten Höcker mit etwas rückwärts gekrümmten Spitzen erhoben. Das Schildchen sehr klein. Die Deckschilde durch kaum merklich erhabene Linien genetzt, von der Mitte ab nach der Spitze zu mit kleinen spitzen Höckerchen besetzt, blafs röthlichgelb gefärbt voll eingedrückter schwärzlicher Punkte und geziert mit einigen rothen Flecken, von welchen eigentlich nur zwei, der eine am Schulterwinkel, der andere als ein schräg von der Nath aufwärts steigender Schatten in der Mitte der Deckschilde deutlich und begränzt sind. Die Nath ist fein gezahnt.

Brust und Bauch erscheinen fein genetzt, die Beine punktirt.

54. *Chlamys difformis.*

Tab. X. Fig. 6.

Chlamys ferruginea, elytris reticulatis inaequalibus thoraceque fuscis, vitta media lateribusque ferrugineis. Long. lin. $2\frac{1}{2}$—3.

Chlamys difformis Olivier Entomologie VI. Suite du Nr. 96. p. 875. n. 2. pl. 1. f. 2.

Habitat in Brasilia. Misit Dr. de Olfers.

Elongata, elevata, medio compressa, apice truncata. Caput planum subpunctatum rufum, fronte linea longitudinali media elevata abbreviata. Labrum emarginatum. Antennae serratae rufae, apice nigrae. Mandibulae nigrae. Thorax elevatus granulatus fuscus, sulco longitudinali medio lateribusque ferrugineis. Scutellum ferrugineum. Elytra valde reticulata, lineis elevatis versus apicem tuberculatis inaequalia, fusca linea elevata longitudinali obliqua lateribusque fusco-ferrugineis. Sutura crenata. Pectus abdomenque subtilissime reticulata ferruginea. Pedes ferruginei.

Aus Brasilien. Länge $2\frac{1}{2}$ bis 3 Linien. Länglich viereckig in der Mitte zusammengedrückt, das Ende gerade abgeschnitten. Der Kopf flach punktirt, braunroth, mit einer kurzen erhabenen Stirnlinie. Die Fühler roth mit schwarzen Spitzen. Die Frefszangen schwarz. Das Rückenschild erhaben, fein gekörnt, dunkel schwarzbraun; eine seichte Längsfurche in der Mitte und die Seiten sind braunroth. Das Schildchen braunroth. Die Deckschilde stark genetzt, von erhöheten Linien besonders der Länge nach durchzogen, die gegen die Spitze in stumpfe Höcker auslaufen. Die Farbe der Deckschilde ist die des Rückenschildes, nur eine erhöhete Linie, die schräg von dem Schulterwinkel nach der Mitte der Deckschilde verläuft, die Seitenwand und die Spitzen sind braun. Die Nath ist deutlich gezahnt. Brust und Bauch sind fein genetzt und sammt den Beinen braunroth.

55. *Chlamys cinnamomea.*

Tab. X. Fig. 7.

Chlamys rufa, thorace elevato rugoso, elytris crenato-lineatis punctato-reticulatis sanguineo-maculatis. Long. lin. $2\frac{1}{2}$—3.

Habitat in Brasilia. Misit Dr. de Olfers.

Statura fere praecedentis. Caput planum, punctatum, medio impressum, macula ferruginea. Mandibulae fusco-ferrugineae. Antennae serratae nigrae, articulis prioribus rufis. Thorax granulatus medio elevatus, utrinque sanguineus. Scutellum parvum obscure rufum. Elytra ad marginem exteriorem et ad suturam sanguineo-maculata, elevato-lineata, in interstitiis punctata, lineis longitudinalibus subarcuatis dorso crenatis, nonnullis in tubercula exeuntibus, partim apice coëuntibus. Sutura denticulata. Pectus subtiliter reticulatum. Abdomen reticulatum ultimo segmento lineis tribus elevatis longitudinalibus glabris abbreviatis. Pedes unicolores.

Aus Brasilien. Bis drei Linien lang. Beinah gestaltet, wie die vorbeschriebene Art. Farbe dunkelroth, dem Braun sich nähernd. Der Kopf punktirt, flach, fast eingedrückt, mit einem dunklen Stirnfleck. Die Freſszangen schwarzbraun. Die Fühler deutlich gesägt, schwarz, die drei ersten Glieder roth. Das Rückenschild grobkörnicht, in der Mitte stark erhaben, an den Seiten dunkel- und fast blutroth. Das Schildchen klein und dunkel. Die Deckschilde, von erhabenen auf der Kante fein gekerbten, nicht ganz geraden sondern bogigten, mitunter, wie an der Nath, in Höcker sich erhebenden, zum Theil in einander übergehenden Linien der Länge nach durchzogen, sind in den Zwischenräumen punktirt und sind sowohl diese ziemlich regelmäſsig eingestochene Punkte dunkler gefärbt, als auch die Zwischenräume überhaupt, besonders seitwärts und am Nathwinkel, dunkelblutroth, wodurch die Deckschilde dunkel gefleckt erscheinen. Brust und Hinterleib sind fein genetzt, letzterer an der Spitze dunkler, und das Endsegment selbst auf seiner Auſsenfläche von drei stumpf erhabenen glatten und helleren Linien fast durchzogen. Die Beine haben die Farbe des Körpers.

56. *Chlamys luteola.*

Tab. X. Fig. 8.

Chlamys subtuberculata sulphurea, thorace macula dorsali, elytris punctis purpureis. Long. lin. 2.

Chlamys luteola Germ. Ins. Spec. I. p. 554. n. 753.

Habitat in Brasilia. Misit Dr. de Olfers.

Statura fere C. maculatae. Caput planum, litura ad antennarum insertionem maculaque frontali purpureis. Antennae vix thorace breviores luteae apice nigrae. Mandibulae ferrugineae. Thorax maculis utrinque tribus e punctis purpureis, medio a basi ad apicem usque purpureus, subgibbosus, postice subtuberculatus, tuberculis granulatis. Scutellum purpureo-marginatum. Elytra sparsim subtuberculata, punctis impressis purpureis. Sutura denticulata. Pectus abdomenque subtilissime reticulata. Pedes graciles. Tibiae lurido-annulatae.

Aus Brasilien. Zwei Linien lang. Gestaltet wie die mehrsten der Vorhergehenden. Dunkel schwefelgelb. Der Kopf an der Einlenkung der Fühler und mitten auf der Stirn purpurfarben. Die Fühler, fast so lang als das Rückenschild, gelb mit schwarzen Spitzen. Die Freſszangen dunkelbraun. Das Rückenschild punktirt, an den Seiten purpurroth gefleckt, die Flecken aus Punkten zusammengesetzt, in der Mitte kugelförmig erhaben, bis zum vordern Rande hin dunkel purpurfarben, nach hinten in zwei kleine körnichte Höcker auslaufend. Das Schildchen roth gerandet. Die Deckschilde hin und wieder mit seichten Höckerchen besetzt und mit eingestochenen purpurrothen Punkten übersäet. Die Nath fein gezahnt. Brust und Hinterleib sehr fein genetzt. Die Beine ziemlich dünn und länger als gewöhnlich, die Schienen mit bräunlich-gelbem Ringe.

67. *Chlamys impressa.*

Tab. X. Fig. 9.

Chlamys atra, thorace elytrisque rufis atro-maculatis. Long. lin. $1\frac{1}{2}$.

Clythra impressa Fabr. Syst. Eleuth. II. p. 33. n. 22.

Chlamys impressa Schönherr Synonymia Ins. II. p. 343. n. 5.

Habitat in America meridionali. Fabr. l. c.

Specimen e Museo de Sehestedt, nunc Regio Havniensi ad describendum communicatum.

Statura C. foveolatae. Caput atrum labro antennisque nigro-piceis. Thorax elevatus rufus, maculis quatuor impressis, dorsalibus duabus majoribus sinuatis, punctoque utrinque atris. Elytra inaequalia rufa, maculis quatuor impressis, margine antico, suturaque vix denticulata atris. Pectus subtilissime reticulatum atrum. Abdomen atrum, macula utrinque fasciaque anali rufis. Pedes nigri.

Aus Südamerika. Länge $1\frac{1}{2}$ Linien. Gestalt der Chlamys foveolata. Kopf mattschwarz. Lefze und Fühler bräunlich. Rückenschild roth, mit vier tiefschwarzen Flecken; die vorderen länglich bogigt und gröfser, die hinteren dicht dem Hinterrande anliegend. Aufserdem mitten im Seitenrande ein schwarzer Punkt. Die Deckschilde sind ungleich, roth mit vier eingedrückten tiefschwarzen Flecken. Auch sind die Schultern sammt dem vordern Rande, und eben so der innere Rand schwarz, letzterer undeutlich und sehr fein gekerbt. Die Brust ist fein genetzt und mattschwarz. Eben so der Hinterleib, nur zu jeder Seite vor dem letzten Abschnitt steht ein rother Fleck und das letzte Segment durchschneidet eine rothe Queerbinde. Die Beine sind schwarz.

58. *Chlamys labiata.*

Chlamys thorace elytrisque punctatis, plicatis, nitida, cyanea, labro antennisque rufis. Long. lin. $2\frac{1}{2}$.

Patria: Brasilia. Misit Dr. de Olfers.

Nitidissima cyanea. Caput punctatum fronte foveola media impressa. Mandibulae nigrae. Antennae thorace breviores luteae apice nigrae. Thorax sparsim punctatus dorso utrinque tuberculatus, tuberculo obtuso, medio bicarinatus. Scutellum immersum. Elytra sparsim punctata, lineis arcuatis acute elevatis rugosa, basi tuberculata, sutura crenata. Pectus abdomenque punctata. Pedes concolores.

Aus Brasilien. Länge 2½ Linien. Lebhaft blau. Der Kopf punktirt, auf der Stirn eine eingedrückte Grube. Lefze roth. Freſszangen schwarz. Fühler gesägt, gelbroth mit schwarzen Endgliedern. Das Rückenschild hin und wieder punktirt, in der Mitte zwei scharf erhabene Linien, die durch eine glatte Furche getheilt sind, zu jeder Seite ein stumpfer und glatter Höcker. Das Schildchen vertieft. Die Deckschilde einzeln punktirt, uneben durch gekrümmt verlaufende unter sich verbundene scharf erhabene Linien; einige Höcker am Grundtheil; die Nath gekerbt. Brust und Bauch voll eingedrückter Punkte. Die Beine wie der Körper gefärbt.

59. *Chlamys puncticollis.*

Chlamys thorace punctato bielevato, elytris plicatis, tota cyanea. Long. lin. 2½.

Chlamys puncticollis Germ. Ins. Spec. I. p. 553. n. 752.

Patria: Bahia. Misit Sello.

Similis praecedenti. Cyanea, nitida. Caput punctatum fronte foveola impressa. Labrum mandibulaeque nigra. Antennae compressae, serratae, nigrae, articulo primo pallido supra cyaneo. Thorax sparsim punctatus, dorso bielevatus, tuberculis obtusis, medio sulcatus. Scutellum quadrangulare impressum laeve. Elytra sparsim punctata plicata, basi tuberculata, sutura crenata. Pectus reticulatum. Abdomen laeve, lateribus punctatum. Pedes laeves cyanei.

Von Bahia. Länge 2½ Linien. Glänzend blau und gestaltet wie die vorhergehende Art. Auf der Stirn ein Grübchen. Lefze und Freſszangen schwarz. Die Fühler gesägt, schwarz, das erste Glied blaſs, oben blau. Der Rückenschild hin und wieder punktirt, in der Mitte gefurcht, zu jeder Seite eine stumpfe und glatte Erhabenheit. Das Rückenschildchen glatt, eingedrückt, viereckig. Die Deckschilde leicht punktirt, faltig durch gebogene erhabene Queerlinien, an der Wurzel höckrig. Die Brust genetzt. Der Hinterleib glatt, an den Seiten punktirt. Die Beine glatt.

60. *Chlamys smaragdina.*

Chlamys thorace elytrisque punctatis tuberculatis, viridis, labro luteo. Long. lin. 2⅔.

Habitat in Brasilia. Dr. de Olfers.

Laete viridis subaurata. Caput punctatum foveola inter oculos impressa. Mandibulae nigrae. Antennae breves serratae, luteae apice nigrae, articulo primo supra viridi. Thorax punctatus, tuberculatus, medio sulcatus. Scutellum parvum. Elytra sparsim punctata, plicata, basi tuberculata, sutura vix crenata. Pectus abdomenque punctata. Tarsi nigri.

Aus Brasilien. Länge 2⅔ Linien. Lebhaft hellgrün mit schwachem Goldglanz. Kopf punktirt, in der Mitte glatt mit einem Grübchen. Freſszangen schwarz. Lefze rothgelb. Fühler kurz, gesägt, rothgelb, Endglieder schwarz, Wurzelglied oben grün. Das Rückenschild einzeln punktirt und mit mehreren glatten, goldglänzenden Höckern besetzt. Schildchen klein. Deckschilde einzeln punktirt, ungleich durch erhabene Linien und Höcker. Brust und Hinterleib punktirt. Beine glatt mit schwarzen Fufsgliedern.

61. *Chlamys bicolor.*

Tab. X. Fig. 10.

Chlamys rufa, thorace elytrisque punctulatis atris. Long. lin. $2\frac{1}{2}$.

Habitat in Brasilia. Misit Dr. de Olfers.

Statura fere praecedentium. Caput mineum macula triangulari occipitali mandibulisque nigris. Antennae vix thorace breviores rufae, apice nigricantes. Thorax subtilissime punctatus, cano-sericeus, medio gibbosus obtusus. Scutellum subquadratum, atrum. Elytra holosericea punctata sparsim tuberculata, tuberculis vix elevatis, obtusis. Sutura denticulata. Pectus abdomenque subtilissime reticulata, minea. Pedes concolores.

Vaterland Brasilien. Länge $2\frac{1}{2}$ Linien. Die untere Seite sammt Kopf und Beinen lebhaft mennigroth. Am Hinterkopf ein schwarzer dreieckiger Fleck. Die Frefszangen schwarz. Die Spitzen der Fühler schwärzlich. Rückenschild und Deckschilde mattschwarz, etwas ins Grünliche spielend, seidenartig glänzend wegen dicht aufliegender weifslicher Härchen. Das Rückenschild fein punktirt, in der Mitte rund gewölbt. Die Deckschilde aufser eingestochenen Punkten mit stumpfen Höckerchen besetzt, die gewissermafsen eine Längsreihe ziemlich in der Mitte der Decken, doch näher der feingezahnten Nath bilden.

62. *Chlamys speculum.*

Tab. X. Fig. 11.

Chlamys rugosa cupreo-fusca, elytris maculis duabus impressis holosericeis atris. Long. lin. 2.

Patria: Brasilia; Misit Dr. de Olfers.

Subglobosa, obscura, cupreo micans. Caput planum labro antennisque luteis. Mandibulae nigrae. Thorax vix elevatus subrugosus dorso canaliculatus. Scutellum minimum. Elytra reticulato-rugosa, medio maculis duabus rotundatis subocellaribus atris. Sutura subtiliter denticulata. Pectus abdomenque reticulata. Pedes punctati. Tibiae striatae, basi apiceque luteae. Tarsi lutei.

Aus Brasilien. Zwei Linien lang. Von beinah kuglichter Gestalt und einer dunkel schwärzlichen zum Kupferrothen sich neigenden Färbung. Lefzen und Fühler sind rothgelb, die Freſszangen schwarz. Das Rückenschild ist eben nicht gewölbt, überall schwach gerunzelt, in der Mitte gefurcht. Das Schildchen sehr klein. Die Deckschilde sind netzartig gerunzelt, die Nath fein gezahnt. In der Mitte stehen neben einander zwei runde, tiefer liegende, sammetschwarze, von einem kaum wahrnehmbaren helleren Ringe umgebene Flecke. Brust und Bauch sind genetzt, die Beine punktirt, die Schenkel gestreift, an beiden Enden rothgelb, die Fuſsglieder rothgelb.

63. *Chlamys pilula.*

Tab. X. Fig. 12.

Chlamys fusca globosa pedibus dilatatis compressis, tibiis subtrigonis. Long. lin. $2\frac{1}{4}$.

Patria: Parà in Brasilia. Misit Sieber. Ex coll. Comit. de Hoffmannsegg.

Brevis, subglobosa, obscura, fusco-aenea. Caput punctatum, labro piceo. Mandibulae nigrae. Antennae breves serratae, luteae. Thorax sparsim punctatus, vix tuberculatus. Scutellum transversum, subquadratum, inter suturam paululum porrectum. Elytra punctato-striata, tuberculata, tuberculis numerosis obtusis, margine interno integerrimo. Pectus utrinque ad pedes anticos recipiendos excavatum. Pleurae reticulatae. Abdomen punctatum. Pedes subtiliter punctati breves. Femora plana dilatata, orbiculata. Tibiae apice crassiores dilatatae, truncatae. Tarsi brevissimi.

Von Parà in Brasilien. Länge $2\frac{1}{4}$ Linien. Fast kugelrund dunkel braunschwarz mit schwachem Kupferglanz. Kopf punktirt, Lefze glatt dunkelbraun, Freſszangen schwarz. Fühler kurz, gesägt und rothgelb. Das Rückenschild kaum erhaben punktirt und hin und wieder höckricht, die Höcker stumpf und kaum bemerkbar. Das Schildchen, nicht ganz viereckig, läuft zwischen der Nath in eine Spitze aus. Die Deckschilde tragen eine Menge stumpfer Hökker und in Reihen eingestochener Punkte. Die Nath ist glatt. Die Brust ist zur Aufnahme der vordersten Beine tief ausgehöhlt, die Brustseiten sind genetzt, der Hinterleib voll eingestochener Punkte.

Die Beine sind nur kurz, deutlich fein punktirt, die Schenkel flach, scheibenförmig erweitert, die Schienen an der Spitze sehr erweitert, abgeschnitten. Die Fuſsglieder sehr kurz, an der innern Seite der Schienen eingelenkt.

64. *Chlamys (?) braccata.*

Tab. VI. Fig. 9.

Chlamys tuberculata brunnea, passim argenteo-sericea, antennis testaceis apice nigris. Long. lin. $2\frac{1}{2}$.

Patria: — — Ex Museo Comit. de Hoffmannsegg.

Brevis. Brunnea pilis brevibus aurato-argentatis undique fere arcte adjacentibus micans. Caput medio impressum, labro transverso vix emarginato testaceo, mandibulis nigricantibus. Antennae corpore longiores testaceae, articulo ultimo apice nigro. Thorax ubique tuberculatus, tuberculis parum elevatis. Scutellum subtriangulare apice elevato, subreflexo, truncato, subemarginato. Elytra rugosa, basi elevato-lineata, apice tuberculata, tuberculis elongatis, obtusis. Pectus abdomenque punctulata. Femora punctata, postica incrassata. Tibiae basi pallidae, apice cum tarsis fuscae.

Vaterland unbekannt. Länge $2\frac{1}{2}$ Linien. Kürzer als die mehresten Chlamys und in der Gestalt beinah einem Cryptocephalus ähnlich. Blaſsbraun. Dicht aufliegende, kurze, silberfarbene und zugleich wie blasses Gold glänzende Härchen bedecken ihn theilweise. Der Kopf, dicht anliegend, hat in der Mitte der Stirn ein Grübchen. Die Lefze ist schwach ausgerandet, blafs gelbröthlich. Die Frefszangen sind schwärzlich. Die Fühler länger als der ganze Körper sind blafsgelb, die feinen Härchen womit das dritte, vierte, fünfte und sechste Glied unten besetzt sind, schwärzlich. Das Endglied ist an der Spitze schwarz. Das Rückenschild ist mäfsig erhaben und voll stumpfer, wenig erhabener Höcker, das Schildchen fast dreieckig, die Spitze abgestutzt, wie ausgerandet und in die Höhe gerichtet. Die Deckschilde sind fein gerunzelt, durchzogen von einigen stumpf erhöheten vor der Spitze verschwindenden Linien und besetzt nahe am Ende mit glatten länglich-runden Höckerchen. Brust und Hinterleib sind flach punktirt, die hintersten Schenkel verdickt, die Schienen blafsgelblich an der Spitze schwärzlich, die Fufsglieder schwärzlich.

M a s t i g u s.

M a s t i g u s.

Mastigus Illiger (Magazin f. Insektenk. I. u. III.) Latreille (Histoire natur. des Crust. et des Ins. IX. Gen. Crust. et Ins. I. Considerations gen. Cuvier Regne animal). Schönherr (Synonymia Insect.). *Ptinus* Fabr. (entom. syst. Mant. Ins. Syst. Eleuth.). Olivier (Entomologie). Gmelin (Linn. Syst. Nat.). *Notoxus* Thunberg (Nov. Ins. Spec. Diss. acad. III.).

Eine Gattung, die wahrscheinlich nicht so arm an Arten ist als vielmehr nur wenige wegen ihrer geringen Gröfse und versteckten Aufenthalts bisher gefunden worden sind. Die Entdeckung des Mastigus palpalis durch Herrn Grafen von Hoffmannsegg gab zuerst Veranlassung zur Aufstellung und genaueren Untersuchung dieser Gattung, deren Trennung schon Olivier bei Gelegenheit der Erwähnung des Ptinus spinicornis Fabr. mit folgenden Worten angedeutet hatte: „n'ayant pu examiner suffisamment cet insecte, nous le plaçons ici, à l'exemple de Mr. Fabricius, en attendant de pouvoir en former un genre particulier, d'après un examen plus exact." Olivier entom. II. 17. p. 10. n. 10.

Latreille hat (a. a. O.) die Gattung ausführlich characterisirt, so dafs ich eine Beschreibung derselben hier für entbehrlich halte und lieber eine Uebersicht der Arten folgen lasse. Von mir selbst sind im Folgenden drei in der hiesigen Sammlung befindliche Arten beschrieben worden: der bekannte Mastigus palpalis und zwei neue Arten vom Cap. Aufserdem finden sich noch drei Arten eine von Fabricius, zwei von Thunberg beschrieben, so dafs die Zahl der jetzt bekannten Arten sich überhaupt auf sechs beläuft. Diese sind:

1. *Mastigus palpalis* Ill. Latr., welcher im Folgenden unter Nr. 1. beschrieben ist.

2. *Mastigus spinicornis* (*Ptinus spinicornis* Fabr. Syst. Eleuth. I. p. 327. n. 12. Olivier Entom. II. 17. p. 10. n. 10. Tab. I. Fig. 5. Linn. Syst. Nat. ed. Gmelin. I. IV. p. 1607. n. 20.). Von den Sandwich-Inseln.

3. *Mastigus fuscus* m. Ebenfalls hier beschrieben und hat, wie der Mast. spinicornis einzelne lange Haare an den ersten Gliedern der Fühler. Dessen ungeachtet sind wohl beide Arten sicher verschieden, denn es passen die „elytra oblonga laevia pellucida" der Fabricischen Beschreibung nicht auf unsere Art und ist auch wohl die Verschiedenheit des Vaterlandes zu berücksichtigen.

4. *Mastigus deustus* Schönherr (Syn. Ins. I. 2. p. 59. n. 2. *Notoxus deustus* Thunb. Nov. Ins. Spec. p. 101. diss. acad. III. p. 220.). Vom Kap. Hierher zählt Schönherr wohl mit Unrecht den Ptinus spinicornis Fabr. Ol. indem die Fabricische Beschrei-

bung so wenig als Olivier's Abbildung desselben auf den Mastigus deustus zu passen scheint.

5. *Mastigus flavus* Schönherr (Syn. Ins. I. 2. p. 59. n. 3. *Notoxus flavus* Thunberg Nov. Ins. Spec. p. 101. Diss. acad. III. p. 220.). Auch vom Kap.

6. *Mastigus glabratus* m. Von mir hiernächst beschrieben. Ihm scheint der Mast. deustus nah verwandt, doch scheint in dem Verhältniſs der Fühler ein Unterschied vorhanden zu seyn, und wenn auf den Decken des Mast. glabratus Punktreihen unverkennbar sind, so heiſst es in Thunberg's Beschreibung des Mast. deustus von diesen Körpertheilen: absque punctis et striis.

1. *Mastigus palpalis.*

Mastigus ovatus, obsolete punctatus, fuscus, griseo-pubescens. Long. lin. 2 — 3½.

Mastigus palpalis Latr. Hist. natur. des Crust. et des Ins. Tom. IX. p. 186. Gen. Crust. et Ins. I. p. 281. 1. Tab. 8. Fig. 5. Schönherr Syn. Ins. I. 2 p. 59. N. 66. 1.

Habitat in Lusitania. Com. de Hoffmannsegg.

Corpus elongatum, postice aut rotundatum aut (in femina) subacuminatum. Caput angustatum, punctatum, vertice impresso. Antennae apice rufescentes. Thorax subgibbosus punctatus. Elytra alutacea, obsolete punctata. Pedes dilute fusci.

Aus Portugal. Zwei bis 3½ Linien lang. Länglich, (die Weibchen hinten zugespitzt) schwärzlich mit greisen Haaren dünn besetzt, Kopf und Rückenschild deutlicher punktirt. Deckschilde mehr genarbt und lederähnlich, den Leib unten zum Theil umgebend, vorgezogen und spitz auslaufend bei den gröſsern, wahrscheinlich weiblichen, abgerundet und deutlich getrennt bei den kleinern Exemplaren. Die Scheitelgegend mit einem fast dreieckigen Eindruck. Die Fühler an den Spitzen röthlich. Die Beine hell bräunlich.

2. *Mastigus glabratus.*

Mastigus brunneus, capite pedibusque nigris elytris apice truncatis testaceis. Long. lin. $2\frac{1}{4}$.

Habitat ad Prom. bonae spei, Distr. Uitenhagen; Krebs.

Statura breviore, thorace angustiore compresso, elytris brevioribus truncatis a Mast. palpali differt. Caput latitudine thoracis, subtilissime punctatum fuscum, vertice planum, impressum. Antennae thorace capiteque simul sumtis longiores fuscae, medio rufescentes. Palpi nigricantes. Thorax vix punctatus brunneus basi compressus. Elytra subtilissime transversim striata, longitudinaliter punctato-striata, abdomine haud breviora, apice truncata, testacea. Pectus abdomenque brunnea. Venter medio fuscus. Pedes nigricantes.

Vom District Vitenhagen in der Cap-Colonie. Länge $2\frac{1}{4}$ Linien. Von der vorhergehenden Art durch einen kürzern Körper, mehr zusammengedrücktes Rückenschild und abgestutzte Deckschilde vornehmlich zu unterscheiden. Der Kopf im Verhältniſs breiter und wohl so breit als das Rückenschild, höchst fein punktirt und schwärzlich. Die Scheitelgruben wie bei den andern Arten. Die Fühler von ansehnlicher Länge sind schwärzlich, in der Mitte röthlich. Das Rückenschild ist höchst fein und fast unmerklich punktirt, braun und mattglänzend, der hintere Theil etwas zusammengedrückt, der vordere mit gewölbtem Rücken. Die Deckschilde höchst fein in der Queere gestrichelt, mit einigen aus zusammengedrängten Punkten bestehenden Längsreihen geziert, sind etwa so lang als der Hinterleib, und am Ende abgestutzt, eben so wenig, wie bei den kleineren Exemplaren des Mast. palpalis zusammen verwachsen. Brust und Bauch sind braun, letzterer in der Mitte dunkler. Die Beine sind schwärzlich.

3. *Mastigus fuscus.*

Mastigus ater, elytris abbreviatis rotundatis fuscis. Long. lin. $2\frac{1}{4}$.

Patria: Promont. bonae spei, Distr. Uitenhagen, Krebs.

Similis praecedenti. Niger, sericeus. Caput subtilissime punctatum, vertice plano sulcato, antennis basi passim pilosis palpisque nigris. Thorax subtilissime punctatus, dorso elevato. Elytra abdomine subbreviora, ovata, subtilissime transversim striolata, vix longitudinaliter punctato-striata, fusco-brunnea. Venter fuscus. Pedes nigri.

Ebenfalls von Vitenhagen. Länge $2\frac{1}{4}$ Linien Kürzer als die vorhergehende Art. Dunkel schwärzlich mit Seidenglanz. Der Kopf höchst fein punktirt. Fühler und Fresspitzen, letztere ansehnlich verdickt, erstere mit einzelnen ziemlich langen Haaren am Grundgelenk, von schwarzer Färbung. Das Rückenschild ebenfalls dicht und höchst fein punktirt, die Deckschilde nur kurz, an der Spitze abgerundet, überall sehr fein in die Queere gestrichelt, mit kaum merklichen Längslinien, dunkel kastanienbraun. Brust und Bauch sind schwärzlich, die Beine schwarz.

Pachylosticta.

Pachylosticta n. g.

Antennae breves clavatae, quinque-articulatae. Alae anticae ad apicem dilatatae, stigmate semilunari, areolis marginalibus duabus, submarginalibus tribus, submarginali secunda nervum recurrentem excipiente. Tarsorum posticorum articuli 2, 3, 4 brevissimi.

Fühler kurz, keulförmig, fünfgliedrig. Vorderflügel erweitern sich vor der Spitze. Randmahl halbmondförmig. Randzellen zwei, Unterrandzellen drei, in deren zweite ein zurücklaufender Nerv eintritt. Der hintersten Fuſsglieder 2tes, 3tes und 4tes, sehr kurz.

Beim ersten Anblick erscheinen die Blattwespen, welche die gegenwärtige Gattung [auf welche ich in meiner Beschreibung der Gattung Cimbex in den Verhandlungen der Ges. naturf. Fr. Bd. I. St. 2. p. 97. zuerst hingedeutet habe] ausmachen, als groſse blaue Hylotomen. Bald aber fällt neben der Kürze der Fühler der Schnitt der Flügel besonders auf, und eine genauere Untersuchung läſst noch so manche andere merkwürdige Eigenschaften erkennen, welche ihre Vereinigung zu einer besondern Gattung fordern.

Der Kopf, eher klein als groſs, hat sehr groſse runde und hervorstehende Augen. Die Nebenaugen sind auf der Stirn in ein Dreieck dicht zusammengedrängt. Die Freſszangen sind kurz, gekrümmt, zugespitzt, vor der Spitze scharf gezahnt. Der Bau der innern Mundtheile ist im Wesentlichen der der Blattwespen überhaupt. Nur scheinen die Fresspitzen aus nicht so viel Gliedern zu bestehen. Die Laden sind inwendig gezahnt, der Zahn linienförmig, beinah so lang als die Lade selbst, ihre Taster fünfgliedrig, die Glieder cylindrisch, kurz, das zweite länger als die übrigen. Die Lippe ist dreitheilig die Lappen sind linienförmig und gleich lang. Die Lippentaster sind so lang als die Ladentaster und bestehen aus drei Gliedern, deren erstes kürzer als die übrigen ist, das letzte stumpfrund sich endigt. Die Fühler, im Verhältnifs nur kurz, haben ein fast eirundes Grundgelenk. Dann folgt ein zweites kurzes Glied, das dritte ist nur wenig langer als das vierte, die Keule langer als das dritte Glied, langlich, an der Spitze schrag. Das Rückenschild ist hoch gewölbt, das Schildchen gerundet, die Brustseiten vorragend. Die vorderen Flügel sind bedeutend länger als die hinteren, am äufseren Rande dicht am Anfang des Randmahls stark ausgebogen, darauf schnell schräg abgeschnitten. Die Randzellen sind der Beschaffenheit des Flügels gemafs im Verhaltnifs kurz. Dasselbe gilt von den Unterrandzellen, die erste derselben ist dabei schmal, die zweite fast viereckig, die dritte die gröfste und offen. Es tritt hier, wie bei einigen Blattwespen die zu Allantus gehören und anderen, welche Nematus zunächst stehen (Cladius Ill.) der Fall ein, dafs der Nerv, welcher die äufserste Zelle des mittleren Raumes nach innen begränzt, mitten in die zweite Unterrandzelle sich einsenkt, wie solches bei den Cimbex verwandten Gattungen bisher nicht beobachtet worden. Das Randmahl ist von halbmondförmiger Gestalt, grofs und dick. Die hinteren Flügel sind besonders kurz. Die vorderen Beine sind sehr kurz, die Schienen mit dichtem fein- und kurzhaarigtem Ueberzug, die Fufsglieder mit langen Anhängseln versehen, die Klauen doppelt gekrümmt und spitzig. Der Hinterleib ist ziemlich flach, der After trägt hervorstehende Zangen. Obschon von jeder der nachfolgend beschriebenen drei Arten uns mehrere Exemplare zugekommen sind, so waren sie doch sämmtlich allem Anschein nach nur männlichen Geschlechts und die Weibchen wären in diesem Fall bisher unbekannt geblieben.

1. *Pachylosticta tibialis.*

Pachylosticta viridi-coerulea, tibiis tarsisque albis. Long. lin. 7.

Habitat in Brasilia. Sello.

Caput coeruleum, nitidum, antennis mandibulisque nigris. Thorax glaberrimus, coeruleus, pleuris cyaneis, margine postico testaceo. Scutellum viridicoeruleum, nitidum. Grana albicantia. Alae fuscohyalinae, ante apicem obscuriores, nervis stigmateque nigro-fuscis. Pedes albidi capitulis femoribusque cyaneis, ungulis fuscis. Abdomen subtilissime punctatum viridi-coeruleum.

Aus Brasilien. Sieben Linien lang. Der Körper glänzend blaugrün, Kopf und Rückenschild dunkler blau. Fühler und Frefszangen schwarz. Die Flügel schwärzlich, vor der Spitze dunkler, Nerven und Randmahl braunschwarz. Beine weifs, Gelenkköpfe und Schenkel blau, Klauen braunschwarz.

2. *Pachylosticta violacea.*

Pachyl. tota obscure-violacea. Long. lin. 6—7.
Habitat in Brasilia. Dr. de Olfers et Sello.

Praecedenti simillima, ejusdemque fere magnitudinis. Differt tantum pedibus nigro-violaceis. Thorax, caput pedes nigro-violacea. Antennae mandibulaeque nigrae. Alae fuscae, nervis stigmateque nigro-fuscis. Abdomen viridi-coeruleum, ano violaceo.

Wohnort, Gröfse und Gestalt der vorhergehenden Art. Kopf, Brustschild und Beine sind dunkel violetblau. Fühler und Frefszangen schwarz. Die Flügel, schwärzlich mit bläulichem Schiller, haben dunkel braunschwarze Nerven und Randmahl. Die glänzend grünlichblaue Farbe des Hinterleibes verliert sich an der Spitze in ein einfaches dunkelblau.

3. *Pachylosticta albiventris.*

Pachyl. violacea, ventre basi albo. Long. lin. 5—7.
Patria: Rio Jan. Mis. de Langsdorf et Sello.

Statura praecedentis. Differt nonnisi ventre albo, apice cyaneo. Caput violaceum mandibulis solis nigris. Thorax violaceus. Grana alba. Abdomen violaceum, ventre late albido. Alae ut in praecedentibus. Pedes nigro-violacei, coxis posticis subtus albis.

Wohnort und Gestalt der vorher beschriebenen Arten. Doch kommen auch kleine Stücke von nur 5 Linien Länge vor. Die Farbe ist dunkelvioletblau. Nur sind die Frefszangen schwarz, die Rückenkörnchen weifs, der Bauch, die Spitze ausgenommen, so wie die untere Fläche der hintersten Hüftstücken ebenfalls weifs, jedoch nicht so rein, sondern ins Gelbliche übergehend.

S y z y g o n i a.

Syzygonia n. g.

Antennae breves clavatae, articulis quinque aut quatuor ante clavam; clava solida. Areola marginalis unica appendiculata, submarginales quatuor.

Fuhler kurz, keulformig, fünf oder vier Glieder vor der Keule, Keule ungegliedert. Vier Unterrandzellen. Eine Randzelle mit einer Nebenzelle versehen.

Eine andere merkwürdige Gattung aus der Familie der Tenthredinetae, mehr vielleicht als irgend eine geeignet, die Blattwespen mit keulförmigen Fühlern mit denen, welche ungegliederte Fühler haben oder Cimbex mit Hylotoma zu verbinden. Manches Uebereinstimmende, wenn auch im Aeufsern wenig Aehnlichkeit mufs unsere Gattung mit der Neuholländischen Perga haben, welche Leach zuerst im 3ten Bande der zool. Misc. aufgestellt und monographisch bearbeitet hat. Bei dem ersten Anblick hält man die beiden bisher bekannten Arten für Arten von Cimbex, verwandt Leach's Abia. Nur bei genauerer Betrachtung fällt sogleich und zuerst der Unterschied im Flügelgeäder auf, welches dem der Cimbex ganz fremd, dagegen von dem der Hylotomen kaum verschieden ist. Es ist nemlich die erste der Unterrandzellen länglich und im Verhältnifs klein, die beiden folgenden unter sich von gleicher Gröfse sind länglich viereckig, die letzte offen und eben so grofs, wenn nicht gröfser als die vorhergehenden. Die Randzelle ist länglich, die Nebenzelle nur klein, doch deutlich, das Randmahl von keiner ausgezeichneten Beschaffenheit. Hierneben sind die Fühler von mäfsiger Länge, kaum halb so lang als der Hinterleib, die beiden ersten Glieder sehr kurz, die folgenden so ziemlich von gleicher Länge, oder das vierte kaum merklich länger als das erste, das dritte ungefähr noch einmal so lang, und die Keule so lang als das dritte Glied. Der Kopf ist beinah wie bei Leach Abia, die Nebenaugen sind deutlich, die Augen grofs. Das Rückenschild ist mäfsig gewölbt, das Schildchen ziemlich grofs, erhaben und gerundet. Die Brustseiten stehen etwas hervor. Die Schienen der hintern Beine haben auch in der Mitte einen Dorn, die Fufsglieder haben die bei den Blattwespen gewöhnlichen Anhängsel. Der Hinterleib ist dick, fast eirund. Was den Mund betrifft, so haben die bisherigen Beobachtungen gelehrt, dafs bei den Tenthredineten die innern Mundtheile nicht so bedeutenden und wesentlichen Abweichungen unterworfen sind, dafs Gattungskennzeichen von ihnen entnommen werden könnten. Doch hat bei der Untersuchung der Mundtheile der Syzygonia sich gezeigt, dafs die schon bei Pachylosticta verminderte Zahl der Tasterglieder auch hier statt findet und der gewöhnliche zahnförmige Fortsatz am Anhange der Laden ist nicht vorgefunden worden, wie die nun folgende genauere Beschreibung der Mundtheile ergiebt: die Frefszangen kurz, sehr zusammengedrückt, gekrümmt, scharf zugespitzt, in der Mitte gezahnt; die Laden zusammengedrückt, mit breiten scheibenförmigen Anhängen, an welchen kein zahnförmiger

Fortsatz zu bemerken war. An den Kinnladentastern konnten nur fünf, an den Lippentastern drei Glieder deutlich unterschieden werden. Letztere ragten so weit als die Lippe hervor, und erschien diese auf einem breiten ziemlich dreieckigen Kinn ruhend, weit vorgestreckt und in drei einander gleiche linienförmige Lappen gespalten. Diese Gattung, von deren im Folgenden beschriebenen zwei Arten bisher nur weibliche Individuen uns zugekommen, läfst sich, nach der Zahl der Fühlerglieder die sich vor der Keule befinden, wie solches bei Cimbex sehr zweckmäfsig geschehen, ebenfalls in Familien eintheilen und werden sich dann bei den Arten der ersten Familie fünf, bei denen der zweiten nur vier Glieder bis zum keulförmig verdickten Ende der Fühler finden.

Erste Familie.

Fünf Glieder vor dem verdickten Ende der Fühler; antennae articulis quinque ante clavam.

1. *Syzygonia cyanoptera.*

Syz. violacea, capite thoraceque rufis. Long. lin. 7.

Habitat in Brasilia. Communicav. Bescke et de Langsdorf.

Caput magnum rufum mandibulis palpisque apice nigris. Antennae vix thorace breviores nigrae. Oculi fusci. Thorax rufus, scutello nigro-cyaneo. Abdomen laete violaceum. Pedes nigro-cyanei. Alae fuscae cyaneae apice dilutiores, nervis stigmateque nigris.

Aus Brasilien. Sieben Linien lang. Der grofse und breite Kopf, so wie das Rückenschild, sind roth. Die Augen stehen stark hervor und sind schwärzlich, die Nebenaugen sehr deutlich. Mandibeln und

Palpen sind an der Spitze schwarz. Die Fühler, beinah so lang als das Rückenschild, sind ebenfalls schwarz. Das Schildchen ist blauschwarz. Der Hinterleib ist schön glänzend violet-blau. Die Beine sind schwärzlich blau, die Flügel blauschillernd, lebhafter und dunkler vor der Spitze, wo die Färbung mehr bräunlich ist. Nerven und Randmahl sind schwarz.

36. *Syzygonia cyanocephala.*

Syzygonia testacea, capite viridi-aeneo, abdomine cyaneo, apice testaceo. Long. lin. $5\frac{1}{2}$.

Habitat in Brasilia. Misit Sello.

Rufo-testacea, glaberrima, nitida. Caput nitidissimum, viridi-cyaneum, labro palpisque pallidis, mandibulis magnis arcuatis acutis ferrugineis, oculis testaceis, ocellis succinei coloris. Antennae nigro-cyaneae. Pleurae opalino-micantes. Abdomen dorso cyaneum apice lateribusque testaceum. Venter medio obscure cyaneus, segmentis apice testaceis. Tibiae posticae apice nigro-cyaneae. Alae flavescentes nervis stigmateque testaceis.

Aus Brasilien. $5\frac{1}{2}$ Linien lang und etwa so gestaltet wie C. sericea. Der Kopf glänzend blaugrün. Lefze und Freſsspitzen blaſs, die stark gekrümmten Freſszangen braun. Die Augen groſs und blaſsgelb, die Nebenaugen wie Bernstein glänzend. Die Fühler blauschwarz, das Rückenschild gelbröthlich, die Brustseiten mit hell blaulichem Schiller. Die Flügel hellgelblich, Nerven und Randmahl gelbröthlich. Die Beine wie das Rückenschild gefärbt. Die Spitzen der hintersten Schienen blauschwarz. Der Hinterleib oben blau, an den Seiten gelbröthlich, die Bauchsegmente bläulich, gelbröthlich gerandet.

T a r p a.

T a r p a.

Tarpa Fabr. (Syst. Piezat.). Panzer (entomolog. Vers. etc.). Klug (Blattw. Mag. d. Ges. naturf. Fr.). *Megalodonta* Latr. Hist. natur. des Crust. et des Ins. Gen. Insect. Consider. gen. regne anim. Nouveau Dict. d'Hist. natur.). Spinola (Ins. Lig.). *Cephaleia* Jurine (Hymenopt.). *Diprion* Schrank (Fn. boica). *Tenthredo* Fabr. (entom. syst.). Panz (Fn. Ins.). Coquebert (illustr. iconogr.). Rossi (Fn. Et.).

Im Magazin der Gesellschaft naturforschender Freunde habe ich versucht die Blattwespen in Familien einzutheilen, auch viele Arten in einer Reihe von Abhandlungen beschrieben. Von diesen Abhandlungen sammelte ich einige besondere Abdrücke und vertheilte sie unter dem Titel: die Blattwespen nach ihren Gattungen und Arten zusammengestellt. Berlin, 1818.

Die Gattung Tarpa eröffnet die Reihe dieser kleinen Blattwespenmonographie. Nur die beiden damals bekannten Arten: Tarpa cephalotes und plagiocephala finden sich dort genannt und beschrieben. Die Gattung selbst ist aber ausführlich behandelt und von Tenthredo gehörig unterschieden. Auch sind die inneren Mundtheile auf der beigefügten Tafel abgebildet worden. Will ich daher nicht in Wiederho lungen des dort Gesagten mich einlassen, so kann ich gegenwärtig auf die, jener Abhandlung über Tarpa vorangeschickten allgemeinen Bemerkungen und die dort befindliche Gattungsbeschreibung mich beziehen und hiernächst gemäfs dem Zweck der vorliegenden Blätter die Beschreibungen der jetzt bekannten Arten folgen lassen.

1. *Tarpa cephalotes.*

Tarpa atra, capite maculis, thorace lobo antico, macula dorsali, maculisque scutellaribus, abdomine punctis utrinque binis fasciisque flavis.

Tarpa cephalotes Fabr. syst. piez. p. 19. n. 1. Panzer entomol. Vers. p. 53. Klug Blattw. p. 6. n. 1. Magaz. d. naturf. Ges. II. p. 266.

Megaladontes cephalotes Latreille Gen. Ins. III. p. 233. Hist. natur. des Crust. et des Ins. XIII. p. 137. pl. 100. Fig. 1. Spinola insect. Lig. fasc. 1. p. 50.

Cephaleia cephalotes Jurine Hymenopt. p. 67.

Tenthredo cephalotes Panz. Fn. Ins. Germ. 62. t. 7. 8. Coquebert, illustr. iconogr. dec. I. p. 16. Tab. 3. Fig. 8. Schaeff. icon. LVI. f. 1. Rossi Fna. Etr. II. p. 23. n. 707. ed. Ill. p. 33.

Habitat in Germania.

Caput lunula postica maculisque tribus inter oculos flavis. Mandibulae nigrae, apice ferrugineae. Antennae rufescentes, articulo primo flavo. Collare flavum. Thorax macula utrinque pone scutellum flava. Lobus intermedius postice flavus. Pleurae macula sub alis flava. Squamae flavae. Alae flavescentes. Pedes flavi coxis nigris. Femora anteriora basi nigra. Abdomen maculis utrinque tribus, fasciisque quinque flavis.

Punktirt, etwas behaart. Grundfarbe schwarz. Gelb sind eine Linie am Hinterkopf, drei Flecke zwischen den Augen, Halsschild, am Rückenschild ein Fleck zu jeder Seite neben dem Schildchen und der hintere Rand des mittleren Lappen, aufserdem ein Punkt unter den Flügeln und die Flügelschuppen, am Hinterleib aufser dem halbmondförmigen Ausschnitt drei Punkte an den Seiten der ersten und der hintere Rand der folgenden Segmente. Die Flügel sind gelblich mit dunkleren Nerven und dunkelm Schatten am vordern Rande. Die Beine gelb mit schwarzen Hüftstücken. Die vorderen Schenkel sind mit Ausnahme der Spitzen schwarz, die Fühler röthlich mit gelbem Grundgelenk, die Mandibeln schwarz, mit braunröthlichen Spitzen, bei den Männchen am äufsern Rande gelb.

2. *Tarpa bucephala.*

Tarpa atra, capite thoraceque maculis, abdomine fasciis, prima interrupta, flavis.

Habitat in Lusitania. Ex Museo Comitis de Hoffmannsegg.

Magnitudine Tarpam cephalotem fere superat, subhirta. Caput punctatum postice genis maculaque intermedia occipitali continua semilunari antice clypeo toto, facie inter antennas maculaque continua magna ante oculos adscendente utrinque arcuata flavis. Mandibulae flavae apice nigrae. Antennae articulo primo flavo, secundo tertioque nigris, reliquis fuscis. Collare flavum. Thorax utrinque pone scutellum flavus. Lobus intermedius apice flavus. Metathorax utrinque flavo-punctatus. Pleurae macula magna flava. Squamae flavae. Alae flavescentes, nervis stigmateque luteis. Pedes flavi. Coxae nigrae. Condyli macula flava. Abdominis segmentum primum utrinque flavum reliqua omnia apice late flava. Segmenta ventralia nitida nigra, ultimis exceptis apice flavis.

In mare antennarum articulus primus supra niger. Caput antice flavum. Genae nigro-terminatae. Subtus totus flavus.

Eine neue portugiesische Art, beinahe gröſser als Tarpa cephalotes. Schwarz, behaart. Der Hinterkopf sammt der Wangengegend gelb, in der Mitte eine halbmondförmige Zeichnung, deutlicher als bei Tarpa cephalotes. Der Vorderkopf gröſstentheils gelb. Mit dem Kopfschild zusammenhängend ein fast viereckiger Fleck zwischen den Fühlern und zu jeder Seite ein Fleck vor den Augen, der halbmondförmig sich nach innen krümmt. Freſszangen gelb mit schwarzen Spitzen. Der Fühler erstes Glied gelb, zweites und drittes schwarz, die übrigen bräunlich. Halsschild und Flügelschuppen gelb. Auf dem Rücken zu jeder Seite des Schildchen ein gelber Fleck. Hinterer Rand des mittleren Lappen gelb. Auf dem Hinterrücken zwei gelbe Punkte, Brustseiten mit einem groſsen gelben Fleck. Flügel gelblich, mit bräunlichen Nerven und Randmahl. Beine gelb, Hüftstükke schwarz, Hüftglieder mit gelbem Fleck. Am Hinterleib der erste Abschnitt zu jeder Seite, die übrigen Segmente sämmtlich am hintern Rande gelb. Männchen dem Weibchen ähnlich. Nur die Wangengegend auswendig, das erste Fühlerglied oben schwarz, die Freſszangen gelb, die untere Seite des Körpers gelb, die ersten Hinterleibsbinden in der Mitte unterbrochen.

3. *Tarpa spissicornis.*

Tarpa atra antennis rufis ad apicem fuscis, capitis margine postico, thoracis antico, abdomine punctis fasciisque flavis.

Habitat in Germania (Ebersdorff); Grimm.

Nigra, punctata, nigro-pilosa. Caput maculis tribus inter oculos lineaque occipitali tenui arcuata flavis. Antennae longius pectinatae, basi rufescentes. Mandibulae ad apicem ferruginae. Collare margine postico late flavo. Thorax utrinque ad scutellum flavo-lineatus. Punctum utrinque sub alis flavum. Squamae flavae. Alae hyalinae, ad marginem anteriorem late fuscae, nervis stigmateque fuscis. Pedes flavi coxis nigris. Femora anteriora basi nigra. Abdomen segmentis duobus prioribus utrinque puncto, reliquis apice flavis. Segmenta ventralia apice flavescentia. Variat abdominis segmentis prioribus impunctatis. Maris mandibulae externe flavae; antennarum articuli priores subtus flavi, dorso nigri; venter fasciis distinctis transversis flavis.

Aehnlich der Tarpa cephalotes. Körper schwarz, punktirt, zum Theil schwarz haarigt. Fühler gelbroth, ausgenommen die eilf letzten Glieder, welche sammt den aus ihnen hervorgehenden langen Kammspitzen schwärzlich sind. Erefszangen schwarz, vor der Spitze rothbraun. Zwischen den Augen drei gelbe Punkte. Eine gelbe Linie im Halbcirkel am Hinterkopf. Halsschild am hinteren Rande breit gelb. Eine schräge gelbe Linie zu jeder Seite am Rückenschildchen. Gelber Punkt unter den Flügeln und gelbe Flügelschuppen. Die Flügel durchscheinend, äufserer Rand in anschnlicher Breite bräunlich. Nerven und Randmahl braun. Beine gelb, Schenkel röthlichgelb, vordere an der Wurzel schwarz. Hüftstücke schwarz. Die ersten Hinterleibssegmente haben zu jeder Seite einen gelben Punkt, oft sind sie ungefleckt. Die letzten fünf Abschnitte sind gelb gerandet.

An den Männchen ist die auswendige Seite der Mandibeln rothgelb, die schwarze Fühlerwurzel ausserhalb gelb, und die Bauchsegmente sind fast zur Hälfte gelb.

4. *Tarpa spiraeae.*

Tarpa atra abdomine fasciis, capite thoraceque maculis, antennis mandibulisque flavis.

Tenthredo spiraeae. Pall. mscrpt.

Habitat in Tauria. Pallas.

Simillima Tarpae spissicorni. Caput punctatum, macula utrinque ante oculos, lineaque occipitali semicirculari flavis. Mandibulae nigrae extus flavae. Antennae longius pectinatae, pectinibus fuscis. Thorax punctatus, macula lineari obliqua utrinque ad scutellum, puncto sub alis, collaris margine postico squamisque alarum flavis. Alae hyalinae, margine anteriori obscuro, nervis stigmateque fuscescentibus. Pedes lutei coxis nigris. Abdomen fasciis quatuor flavis. Venter flavo-lineatus.

Maris caput antice flavum. Mandibulae flavae. Jugulum maculaque magna semilunaris sub alis flava. Coxae omnes, fasciae ventrales quinque anusque flava.

Der Tarpa spissicornis sehr ähnlich, besonders in Hinsicht der ebenfalls mit längerm Kamm versehenen Fühler. Körper schwarz, Kopf und Rückenschild punktirt. Auf jeder Seite vor den Augen ein gelber Fleck. Am Hinterkopfe eine gelbe Linie in Gestalt eines halben Cirkels. Mandibeln schwarz, aufsen gelb. Fühler röthlichgelb mit schwärzlichem Kamm. Halsschild, Flügelschuppen, ein Punkt unter der Einlenkung der vorderen Flügel, eine schräge Linie zu jeder Seite des Schildchen sind am Rückenschild gelb. Die Flügel sind hell, am vorderen Rande dunkel, Nerven und Randmahl bräunlich. Beine röthlichgelb mit schwarzen Hüftstücken. Am Hinterleibe vier gelbe Binden.

Beim Männchen ist die untere Hälfte des Kopfes, oder das eigentliche Gesicht, nebst Kopfschildchen, Frefszangen und Fühlern gelb. Halsschild und Unterhals, Flügelschuppen und ein grofser halbmond- oder nierenförmiger Fleck unter den Vorderflügeln, die Hüftstücken, fünf breite Binden am Bauche, wie die Aftergegend sind von der nemlichen Farbe.

56. *Tarpa plagiocephala.*

Tarpa atra capite thoraceque maculis, abdomine fasciis alarumque squamis pallidis.

Tarpa plagiocephala Fabr. syst. piezat. p. 20. n. 2. Klug Blattw. p. 7. n. 2. Magaz. d. Berl. Ges. naturf. Fr. II. Jahrg. p. 267. Schaeff. elem. entom. T. CXXV. f. 9. 10.

Habitat in Germania.

Caput punctatum, nigro-subpilosum, maculis tribus inter oculos, lineaque postica pallidis. Mandibulae vix apice ferrugineae. Antennae rufescentes, articulo primo secundoque nigris. Collare pallidum. Thorax punctatus, maculis ad scutellum binis punctoque sub alis pallidis. Alae ad costam obscuriores. Pedes lutei coxis nigris. Abdomen fasciis quinque pallidis. In nonnullis segmentum secundum utrinque albo-punctatum. Venter pallido-bifasciatus.

Maris mandibulae margine exteriori flavae, thorax fere immaculatus, abdomen unifasciatum, lateribus albo-punctatum. Venter fasciis quinque anoque pallidis.

Schwarz, punktirt, am Kopf schwarz behaart. Zwischen den Augen drei gelblichweiſse Flecke, am Hinterkopf eine dergleichen gebogene Linie. Die Freſszangen sind schwarz, kaum an der Spitze bräunlich, die Fühler gelbroth, das erste und zweite Glied schwarz. Halsschild, ein Fleck zu jeder Seite des Rückenschildchen, ein Punkt unter den Flügeln und die Flügelschuppen sind gelblichweiſs. Die Flügel hell, sind am vordern Rande dunkeler, Nerven und Randmahl wie gewöhnlich. Die Füſse rothgelb mit schwarzen Hüftstücken. Der Hinterleib hat fünf, der Bauch zwei gelbweiſse Binden.

Bei einigen findet sich noch ein weiſser Punkt zu jeder Seite am zweiten Hinterleibssegment. Auch trifft man die Fühler durchaus röthlich.

Beim Männchen sind die Mandibeln am Auſsenrande gelb. Die Flecke neben dem Rückenschildchen fehlen gewöhnlich. Am Hinterleib ist nur eine Binde deutlich vorhanden, die übrigen sind an den Seiten durch Punkte angedeutet. Am Bauch sind fünf deutliche Binden und die Aftergegend gelbweiſs. Ganz von dieser Beschaffenheit ist das Exemplar in der Fabricischen Sammlung.

6. *Tarpa megacephala.*

Tarpa atra capite thoraceque maculis, abdomine fasciis pallidis.

Tenthredo redimita Pall. mscrpt.

Habitat in Germania; in Tauria. Pallas.

Simillima praecedenti. Caput punctatum nigropilosum, maculis tribus inter oculos lineaque arcuata postica albis. Antennae rufescentes, primo secundoque articulo nigris. Mandibulae nigrae vix apice ferrugineae. Collaris margo posticus, medio interruptus, albus. Punctum sub alis maculaque utrinque ad scutellum alba. Squamae alarum nigrae. Alae hyalinae, ad costam fuscescentes, nervis stigmateque fuscis. Pedes lutei coxis nigris. Abdomen fasciis quinque albis. Venter albido-bifasciatus.

Mas a mare praecedentis speciei differt statura majore, mandibulis, sicuti in femina nigris nec margine exteriori flavis, macula utrinque ante oculos, nec inter oculos tribus, capitis lunula postica late interrupta albis, thorace ad scutellum distincte albo bimaculato, abdominis segmentis secundo sextoque immaculatis, quarto vero quintoque macula utrinque majori, septimo toto albis.

Das Weibchen kaum von der vorhergehenden Art verschieden. Schwarz glänzend, Kopf und Rükkenschild schwarz behaart. Zwischen den Augen drei gelbweiſse Flecke, eine halbmondförmige weiſse Linie am Hinterkopf. Fühler röthlich, das erste und zweite Glied mehrentheils, doch nicht immer schwarz, Mandibeln schwarz, kaum vor der Spitze bräunlich. Halsschild weiſs, doch in der Mitte unterbrochen. Ein Fleck zu jeder Seite am Schildchen und ein Punkt unter den Flügeln weiſs, die Schuppen jedoch schwarz, nicht weiſs, wie gewöhnlich bei der Tarpa plagiocephala. Flügel hellgelblich, dunkler am vordern Rande. Nerven und Randmahl wie gewöhnlich. Beine rothgelb mit schwarzen Hüftstücken. Am Hinterleib fünf, am Bauch zwei weifse Queerbinden.

Das Männchen ist von dem Männchen der vorhergehenden Art deutlich unterschieden. Es hat wie sein Weibchen einfarbig schwarze Frefszangen, zwischen den Augen nur zwei, nicht drei weifse Flecke. Es ist neben dem Rückenschildchen deutlich, wie sein Weibchen, gefleckt. Am Hinterleib sind der zweite und sechste Abschnitt ungefleckt, der vierte und fünfte zu jeder Seite mit einem grofsen weifsen Fleck bezeichnet.

7. *Tarpa flavicornis.*

Tarpa atra mandibulis antennisque rufescentibus, capite thoraceque maculis, abdomine maculis fasciisque pallidis.

Habitat in Germania.

Tarpa plagiocephala major. Caput punctatum, maculis tribus inter oculos lunulisque posticis albis. Antennae dorso flavescentes, articulo primo flavo. Collare fascia postica, medio interrupta alba. Thorax macula utrinque ad scutellum punctoque sub alis albis. Squamae albae. Alae flavescentes hyalinae, ad costam obscuriores, nervis stigmateque ferrugineis. Pedes lutei coxis nigris. Abdominis segmentum primum et secundum utrinque albo-maculata, reliqua segmenta albo-marginata. Venter albo-bifasciatus.

Gröfser als Tarpa 'plagiocephala. Körperfarbe schwarz. Kopf punktirt. Zwischen den Augen drei Flecken. Am Hinterkopf die gewöhnliche Bogenlinie von gelbweifser Farbe. Die Fühler rothgelb, sind auf der obern Seite heller. Gelb ist besonders das

erste

erste Glied. Die Freſszangen sind röthlichgelb, an den äuſsersten Spitzen schwarz. Das Halsschild, zu jeder Seite am Rückenschildchen ein Fleck, ein Punkt unter den Flügeln und die Flügelschuppen sind weiſs. Die Flügel gelblich-durchscheinend, sind am vordern Rande etwas dunkler, Nerven und Randmahl wie gewöhnlich. Beine sind rothgelb mit schwarzen Hüftstücken. Der erste und zweite Abschnitt des Hinterleibes haben zu jeder Seite jeder einen gelbweiſsen Fleck, die übrigen Segmente sind am Rande weiſs. Am Bauch finden sich zwei gelbweiſse Queerbinden.

8. *Tarpa quinquecincta.*

Tarpa atra mandibulis antennisque rufescentibus, capite thoraceque maculis, abdominis segmento primo utrinque puncto, reliquis apice albis.

Tenthredo quinquecincta Pall. Mpt.

Habitat in Tauria; Pallas.

Affinis praecedenti. Magnitudine Tarpam plagiocephalam aequat. Caput punctatum, maculis tribus magnis inter antennas lineaque semilunari occipitali albis. Mandibulae vix apice nigrae. Antennae fusco-pectinatae. Collare album. Thoracis lobus anticus utrinque albo-marginatus. Maculae ad scutellum punctumque sub alis alba. Squamae albae. Alae hyalinae ad costam flavescentes. Pedes lutei coxis fuscescentibus.

Aus Taurien von Pallas. Von der Gröſse der Tarpa plagiocephala. Grundfarbe schwarz. Kopf punktirt. Zwischen den Augen drei weiſse Flecke, am Hinterkopf eine breite weiſse Bogenlinie. Fühler röthlich doch kürzer als bei der vorhergehenden Art, zugleich stärker und dunkler gekämmt. Fresszangen röthlichgelb, an den äussersten Spitzen schwärzlich. Halsschild und Flügelschuppen weiss. Der vordere Lappen des Rückenschildes zu jeder Seite weiss gerandet. Jederseits neben dem Rückenschildchen ein weisser Fleck und ein weisser Punkt an der Einlenkung der Vorderflügel. Die Flügel hell durchscheinend, am vordern Rande gelblich, Nerven und Randmahl etwas dunkler. Die Beine röthlichgelb mit schwärzlichen Hüftstücken. Am Hinterleib der erste Abschnitt mit einem weissen Punkt zu jeder Seite, die übrigen Segmente sämmtlich weiss gerandet. Am Bauch zwei gelblichweisse Querstriche.

9. *Tarpa pectinicornis.*

Tarpa atra, pedibus antennisque rufis, his nigro-pectinatis, maculis in fronte tribus, linea semicirculari occipitali, lobo antico thoracis, fasciisque in abdomine quatuor albis.

Patria: Barnaul Sibiriae. Dedit Germar qui a Dre. Gebler illam accepit.

Simillima Tarpae plagiocephalae F., cui paullo major, antennarum forma Tarpae spissicorni propius accedens. Caput punctatum nigro-pilosum, macula utrinque triangulari ante oculos, punctoque inter antennas pallidis. Mandibulae nigrae, latere externo late ferrugineo. Antennae thorace breviores luteae, articulo secundo nigro, reliquis nigro-pectinatis. Thorax punctatus nigro-pilosus. Collare, linea utrinque obliqua juxta scutellum, squamae alarum, punctumque parvum lineare prope insertiones alarum anticarum pallida. Abdomen nitidum nigerrimum, segmento primo macula media semilunari excisa, ultimis quatuor margine late pallidis. Punctum pallidum etiam utrinque ad apicem segmenti tertii nonnunquam adest. Venter pallido-bistriatus. Alae hyalinae, anticae ad costam late fuscae, nervis stigmateque ferrugineis. Pedes lutei unicolores.

Von Barnaul in Sibirien. Aehnlich der Tarpa plagiocephala, doch sind die Fühler beinah wie bei der Tarpa spissicornis. Die Grundfarbe ist schwarz. Kopf und Rückenschild sind stark punktirt und schwarz behaart. Die Beine sind gelbroth, die Flügel durchscheinend, die vordern am Aufsenrande breit bräunlich mit gelbrothem Randmahl und Nerven, letzteren jedoch in der Spitze der Flügel mehr schwärzlich. Die Fühler sind von mafsiger Länge, das erste Glied gelbroth, das zweite fast schwarz, die folgenden dreizehn bräunlich, an der inwendigen Seite mit sehr verlängerten schwarzen Fortsätzen, wodurch sie deutlich gekämmt erscheinen. Die stark gekrümmten und gezahnten Mandibeln sind an dem äufseren Rande breit braunroth. Von blafsgelber oder gelblichweifser Färbung finden sich folgende Theile und Zeichnungen: an der Stirn vor den Augen ein dreieckiger und zwischen den Fühlern ein kleiner runder Fleck. Am Hinterkopf eine schmale Cirkellinie, am Rückenschild der Halskragen, die Flügelschuppen und ein Punkt dicht unter der Einlenkung der Vorderflügel, so wie neben dem Schildchen in schräger Richtung eine abgebrochene oben etwas breitere Linie und der hintere Rand der Rückenkörnchen, am Hinterleib endlich der ausgeschnittene halbmondförmige Fleck im ersten Abschnitt und ein breiter Saum am hintern Rande der vier letzten Abschnitte, oder des vierten, fünften, sechsten und siebenten, zuweilen noch ein Punkt zu jeder Seite des dritten Abschnitts. Endlich sind die beiden vorletzten Bauchsegmente schmal blafsgelb gerandet.

Cryptocerus.

Cryptocerus.

Cryptocerus Fabricii (Syst. Piez.). Latreille (Hist. natur. des Cr. et des Ins., Gen. Crust. et Ins., Considérations gen., Regne animal., Nouveau Dict. d'Hist. natur.). Dumeril (Diction. des Sciences natur.) *Formica* Linn. (Syst. Nat.). Fabr. (Entom. syst. etc.). De Geer (Ins.). Christ (Ins.). Olivier (Encycl.). Latreille (Hist. natur. des Fourmis.).

Unter allen Ameisen bieten die der gegenwärtigen Gattung in ihrer Körperform die auffallendsten Verschiedenheiten dar. Aufser dafs bei ihnen der dem kurzen aus zweien Segmenten bestehenden Hinterleibsstiel folgende Abschnitt des Hinterleibes die folgenden beinah versteckt, deckt noch der grofse viereckige Kopf mit seinem hervortretenden Seitenrande die ziemlich kurzen Fühler, und nimmt deren Wurzelglieder in einer eigenen Rinne auf. Die Gattung Cryptocerus zählte bisher nur sehr wenige Arten. Fabricius führt deren, da man den Cryptocerus marginatus als Weibchen des Cryptocerus atratus nicht mitzählen kann, nur vier auf, die sich auch in der hiesigen Sammlung befinden und im Folgenden, nebst noch sechs andern beschrieben sind. Aufser diesen sind noch folgende drei Arten durch Latreille bekannt gemacht worden, nemlich:

Cryptocerus granulatus (Formica granulata, Hist. nat. des Fourmis p. 275. Pl. XII. fig. 75.); *Cryptocerus haemorrhoidalis* (Formica haem., Hist. nat. des Fourmis p. 276.); *Cryptocerus Pavonii* (Gen. Crust. et Ins. IV. p. 132.), so dafs die Gattung Cryptocerus jetzt überhaupt aus dreizehn bekannten Arten besteht.

1. *Cryptocerus atratus.*

Cryptocerus thorace quadrispinoso, capite depresso marginato, postice utrinque bispinoso, totus aterrimus. Long. lin. 4½ — 8.

Formica atrata Linn. Syst. Nat. ed. X. p. 581. n. 15. ed. XII. II. p. 965. n. 16. ed. Gmelin. I. 5. p. 2803. n. 16. Fabricii Syst. entomol. p. 395. n. 24. Spec. Ins. I. p. 493. n. 33. mant. ins. I. p. 310. n. 40. Entom. syst. II. p. 363. n. 54. Christ. Naturg. d. Ins. p. 516. Olivier Encycl. méth. Hist. nat. T. 6. p. 500. Latreille Hist. nat. des fourmis p. 272. tab. XII. f. 74.

Formica quadridens De Geer Ins. III. p. 609. n. 7. tab. 31. fig. 17—20.

Tapiiai Marcgr. Brasil. 252. Seba thes. IV. Tab. 99. fig. 7.

Cryptocerus atratus Fabr. Syst. piez. p. 418. n. 1. Latreille Hist. natur. des Crust. et des Ins. Tom. XIII. p. 260. Gen. Crust. et Ins. IV. p. 132. Nouveau Dict. d'Hist. natur. VI. p. 582.

Fem. *Cryptocerus marginatus* Fabr. Syst. piez. p. 419. n. 2. (Sec. specim. in museo Lundii nunc. Regio Havniensi).

Habitat in America meridionali; in Brasilia frequentissimus.

Medius, glaber, punctatus, totus aterrimus. Petioli segmenta utrinque tuberculata.

Feminae caput postice utrinque bituberculatum. Thorax antice utrinque mucronatus, sub scutello bispinosus. Abdomen ovatum, magnum. Alae testaceae, hyalinae, ad costam obscuriores, nervis ferrugineis, stigmate fusco.

In mehreren Ländern von Südamerika, namentlich in Brasilien gemein. Der Körper 4½ bis 8 Linien lang, punktirt, unbehaart und ganz schwarz. Kopf viereckig, an den Seiten mit aufgeworfenem Rande, hinten zu jeder Seite mit zwei spitzigen Dornen. Rückenschild in der Mitte schmal, vorn breiter, vorn und hinten jederseits mit starkem, langem Stachel bewaffnet. Des Hinterleibsstiels beide Abschnitte etwas höckrig.

An den Weibchen, welche gröſser, und fast noch einmal so groſs als die kleinsten Exemplare der Geschlechtslosen sind, finden wir nur die Hervorragungen schwächer und statt der langen Stacheln an Kopf und Rückenschild Dornen, von denen nur die beiden unter dem Schildchen sich etwas verlängern und als Spitzen auslaufen; die Flügel sind blaſsbräunlich, am vordern Rande dunkler gefärbt, die Nerven braun und das Randmahl dunkler. Die Flügel fallen, wie überhaupt bei den Ameisen, schon den lebenden Weibchen ab, und wir finden daher auch die Weiber des Cryptocerus atratus oft nur mit einem oder einigen Flügeln, oft ungeflügelt. Die Weibchen kommen selten, die Geschlechtslosen dagegen im Ueberfluſs zu uns.

2. *Cryptocerus pusillus.*

Crypt. thorace subspinoso postice bispinoso ater capite ante oculos dilatato utrinque testaceo. Long. lin. 2½.

Habitat in America meridionali; ex Museo Regio Havniensi. Parà Brasiliae ex Museo de Hoffmannsegg. Rio Janeiro. Misit Dr. de Olfers. Demerary. Communicavit Hemmerich.

Parvus depressus. Statura Cryptocero atrato proximus, punctatus, aterrimus pilis argenteis rarioribus adjacentibus micans. Caput antice emarginatum, utrinque testaceum, postice utrinque oblique truncatum angulatum. Mandibulae brevissimae. Antennae breves, apice rufescentes. Thorax planus lateribus quinque-spinosus, spinis duabus posticis longioribus acutis, reliquis brevissimis. Abdomen cordatum subtilissime punctatum, submarginatum basi utrinque testaceum. Petioli segmenta brevissima, antice utrinque in spinulam dilatata. Pedes unicolores.

In Süd-Amerika, namentlich Brasilien und Demerary einheimisch. Viel kleiner als der Cryptocerus atratus, und nicht länger als 2½ Linien, jedoch in Rücksicht der Gestalt ihm nahe verwandt. Der Körper ist mattschwarz, den Hinterleib ausgenommen, deutlich punktirt. An einigen Stellen sieht man dicht aufliegende, wie Silber glänzende Härchen. Der Kopf ist, besonders hinter den Augen breit, vorn ausgerandet, zu den Seiten bräunlich, hinten auf jeder Seite schräg abgeschnitten. Die äufsersten Spitzen der Fühler sind röthlich. Das Rückenschild ist an den Seiten gedornt. Drei kurze, doch zugespitzte Dornen befinden sich zu jeder Seite an der vordern, zwei dergleichen an der hintern Hälfte des Schildes, der letzte Dorn jeder Seite ist ansehnlich verlängert. Der Hinterleib ist herzförmig, an der Einlenkung deutlicher gerandet, der Rand blaſsbräunlich. Beide Abschnitte des Stiels sind kurz, jederseits in einen kurzen flachen Dorn sich endigend. Die Beine sind einfarbig schwarz.

3. *Cryptocerus minutus.*

Cryptocerus thorace spinoso, ater capite ante oculos utrinque testaceo, antennis, pedibusque rufescentibus. Long. lin. 2.

Cryptocerus minutus Fabr. Syst. piez. p. 420. n. 6. (sec. specimen Mus. Dom. de Sehestedt nunc Regii Havniensis).

Habitat in America meridionali; Rio Janeiro; misit amicissimus de Olfers.

Praecedenti simillimus, subtilissime punctatus, aterrimus, pilis argenteis adjacentibus micans. Caput vix thorace latius, antice emarginatum, ante oculos utrinque testaceum, postice oblique truncatum, angulatum. Mandibulae vix exsertae. Antennae breves rufescentes. Thorax planus, sulco medio transverso, divisus, utrinque quinque-spinosus, spinis anterioribus minoribus acutis, posticis duabus validioribus apice rufescentibus. Abdomen cordatum basi sinuatum, utrinque marginatum testaceum. Petioli segmenta brevia, utrinque spinosa. Pedes ferruginei, femoribus nigris.

Specimen Musei Havniensis nostro duplo fere minus minime tamen specie distinctum.

Von Rio Janeiro in Brasilien. Kleiner als der Cryptocerus pusillus. Der Körper flach, schwarz, punktirt, durch einzeln aufliegende silberglänzende Härchen, besonders am Rücken, der vordern Hälfte des Hinterleibes und den Schenkeln der Beine schillernd. Der Kopf, kaum breiter als das Rückenschild, ist vorn ausgerandet, an den Seiten blafsbräunlich. Sehr kurze Mandibeln und kurze braunröthliche Fühler. Das Rückenschild durch eine Queerrinne getheilt, in der Mitte verengt, an den Seiten gedornt. Fünf Dornen zählt man auf jeder Seite, die vorderen sind kürzer, doch zugespitzt, die hintersten nach aufsen schräg aufsteigend, etwas länger und an den Spitzen röthlich. Der Hinterleib herzförmig, wie bei der vorhergehenden Art, ist besonders an seiner Basis deutlich gerandet und an den Seiten blafsbräunlich. Die letzten Segmente schillern röthlich. Beide sehr kurze Abschnitte des Stiels dehnen sich zu jeder Seite in einen flachen, spitzen Dorn. Die Dornen des ersten Abschnitts sind im Verhältnifs lang und hakenförmig nach hinten gekrümmt. Schienen und Fufsglieder sind braunroth, Schenkel und Hüftglieder schwarz.

4. *Cryptocerus depressus.* n. sp.

Cryptocerus ater thorace petioloque spinosis, capite postice bispinoso, antice utrinque testaceo. Long. lin. 2.

Patria: Rio Janeiro; collegerunt Dr. de Olfers et Sello.

Statura Crypt. pusilli. Punctatus aterrimus, pilis argenteis adjacentibus ubique micans. Caput vix thorace latius, depressum, postice dilatatum marginatum utrinque bispinosum, spinis brevissimis depressis, ante oculos utrinque testaceum. Mandibulae breves ferrugineae. Antennae apice rufescentes. Thorax brevis lateribus planus et quinquespinosus, spinis anterioribus majoribus depressis apice truncatis posticis brevioribus acutis recurvatis. Abdomen cordatum basi emarginatum, utrinque marginatum margine testaceo. Segmenta petioli brevia basi utrinque spinosa, spinis depressis acutis, recurvatis, anterioribus longioribus. Femora clavata, compressa, postica angulata et medio subspinosa, apice ferruginea. Tibiae anticae ferrugineae. Tarsi rufescentes.

Gröſse und Gestalt des Cryptocerus pusillus, schwarz, überall dicht punktirt, durch kurze einzeln dicht aufliegende silberglänzende Härchen schillernd. Der Kopf, breiter als das Rückenschild, erhebt sich jederseits über den Augen und bildet dort, doch auſserdem nirgend einen aufgeworfenen Rand, dann verschmälert sich der Kopf, tritt vorn, wo er blaſsbräunlich ist, auf jeder Seite hervor. In der Bucht, welche so in der Mitte entsteht, findet man die Freſszangen, kurz und breit, doch zugespitzt und von dunkelbrauner Farbe. Von den beiden Spitzen zu jeder Seite hinter den Augen ist die inwendige die längere. Die Fühler sind schwarz, an den Spitzen röthlich. Das Rückenschild ist kurz, an den Seiten mit flachen Dornen bewaffnet, von denen die beiden vordern gröſser, breit und an der Spitze abgeschnitten, die folgenden zugespitzt, die mittleren die kleinsten sind. Beide Abschnitte des Hinterleibsstiels sind kurz, flach, an den Seiten in rückwärts gekrümmte spitzige Dornen verlängert. Der erste Abschnitt hat die längeren Spitzen. Der Hinterleib selbst ist herzförmig, wie bei den vorhergehenden Arten. Die Schenkel sind kurz, etwas zusammengedrückt, in der Mitte verdickt, die hintersten am obern Rande gerade in der Mitte mit einem kurzen spitzigen Dorn bewaffnet. Die Schienen sind kurz, zusammengedrückt, die vorderen beinah durchaus, die hintersten am Rande braun. So sind auch an den vorderen Beinen die Fufsglieder sämmtlich, an den hintersten nur die letzten Glieder röthlich.

5. *Cryptocerus pallens.*

Cryptocerus capite thoraceque angulatis, petiolo brevissimo subspinoso, depressus pallidus. Long. lin. $1\frac{1}{2}$.

Patria: Brasilia; misit Swainson.

Corpus pallidum. Caput quadratum, punctatum, utrinque marginatum, apice emarginatum, rufescens. Mandibulae breves ferrugineae. Antennae ferrugineae, apice pallidae. Oculi nigri. Thorax elongatus, apice profunde sinuatus, linea impressa media transversa divisus, utrinque marginatus, margine rufescenti basi in angulum obtusum producto, ante apicem crenato. Petiolus articulis brevissimis transversis, primo in spinam utrinque acutam dilatato. Abdomen elongatum, cordatum, basi emarginatum, marginatum, marginibus ferrugineis. Pedes compressi breves, tibiis basi rufescentibus.

Aus Brasilien. Nur $1\frac{1}{2}$ Linien lang. Flachgedrückt, blafsgelb, punktirt, durch einzelne kurze und sehr zarte, wie Silber glanzende Härchen in den Punkten schillernd, der Rand überall röthlich abgesetzt. Der Kopf fast viereckig vor den kleinen schwarzen Augen gerandet, an der Spitze ausgerandet mit braunröthlichen Mandibeln und röthlichen an den Spitzen blafsgelben Fühlern. Das Rückenschild länglich viereckig, ist in der Mitte durch eine eingedrückte Queerlinie getheilt, läuft vorn zu jeder Seite in einen stumpfen Winkel aus, und hat vor dem hintern Ende, welches tief bogigt ausgeschnitten ist, einige stumpfe Zähnchen. Der Hinterleibsstiel besteht aus zwei sehr kurzen Gliedern, deren erstes breiter ist und in eine scharfe Spitze an den Seiten sich endigt. Der Hinterleib ist länglicht herzförmig, deutlich gerandet. Die Beine sind zusammengedrückt, kurz, die Schienen an ihrer Verbindung mit den Schenkeln röthlich.

6. *Cryptocerus clypeatus.*

Cryptocerus depressus, laevis, testaceus capite thoraceque spinis, abdomine margine elevato pallidis, membranaceis. Long. lin. 4.

Cryptocerus clypeatus Fabr. Syst. piez. p. 420. n. 3. (Sec. specimen Mus. Regii Havn. ex Museo de Sehestedt).

Habitat in America meridionali; Parà in Brasilia. Misit Sieber; Mus. berolinense ex Mus. Comit. de Hoffmannsegg.

Cryptocero atrato minor, depressus, nitidus, quasi pellucidus. Caput dilatatum, ferrugineum, lateribus pallidum membranaceum, antice emarginatum, postice utrinque subspinosum. Mandibulae breves, pallidae, apice ferrugineae. Oculi parvi globosi nigri. Antennae ferrugineae, basi pallidae. Thorax ferrugineus, marginibus elevatis membranaceis pallidis, medio angustatus, antice utrinque dilatatus spinosus, spina valida depressa recurva, postice subspinosus spina brevissima obtusa. Petiolus articulis brevissimis ferrugineis utrinque unispinosis, spinis anterioribus brevioribus acutis incurvis, posterioribus longioribus recurvatis obtusis. Abdomen subcordatum, marginatum, margine omni elevato, albido,-hyalino, medio ferrugineum glaberrimum inflatum et pellucidum. Pedes ferruginei.

Aus Süd-Amerika; die Exemplare der hiesigen Sammlung von Parà in Brasilien. Kleiner als Cryptocerus atratus, und vier Linien lang, flach gedrückt, gelbbraun, an den Seiten blafs, hautähnlich und wie durchscheinend. Der Kopf erweitert, vorn ausgerandet, am hintern Winkel in eine stumpfe Spitze auslaufend. Die Fühler mäfsig lang, dunkel mit hellem Wurzelglied, die Augen klein, rund und schwarz. Das Rückenschild in der Mitte verengt, vorn zu jeder Seite in einen hakenförmigen rückwärts gekrümmten Dorn erweitert, hinten ebenfalls, doch in geringerem Grade erweitert, breit aufgeworfen und stumpfspitzig. Die Abschnitte des Hinterleibsstiels sind sehr kurz, jeder an den Seiten mit einem, der erste mit einem flachen zugespitzten, der zweite mit einem längern, stumpfen nach vorn gekrümmten Dorn versehen. Der Hinterleib fast herzförmig, hat einen aufgeworfenen blassen und durchsichtigen Rand. Die Beine sind von der Grundfarbe des Körpers.

3. *Cryptocerus membranaceus.*

Cryptocerus depressus, brunneus, punctatus, capite thoraceque spinis, abdomine margine membranaceis pallidis. Long. lin. 3.

Patria: Brasilia. Misit Dr. de Olfers.

Prae-

Praecedenti valde affinis, brunneus, punctatus, punctis piliferis, pilis brevissimis argenteis. Caput longitudine thoracis, antice emarginatum, late marginatum, margine membranaceo, postice utrinque in spinam obtusum productum. Mandibulae breves ferrugineae. Antennae ferrugineae, apice fuscae. Oculi rotundati prominentes, ferruginei. Thorax medio coarctatus, utrinque bispinosus, spinis depressis membranaceis, anticis majoribus recurvis, posticis brevioribus reflexis. Petiolus abdominis distincte binodis, articulis utrinque unispinosis, spinis membranaceis recurvatis obtusis. Abdomen basi late, apice acute emarginatum, marginatum, margine membranaceo. Pedes ferruginei.

Aus Brasilien: drei Linien lang. Der eben beschriebenen Art sehr ähnlich und eben so flach gedrückt und braun gefärbt, doch ist der Körper überall mit Punkten, aus welchen sehr kurze, silberglänzende Härchen entspringen, besetzt und erscheint daher weder so glänzend, noch so durchsichtig als der des C. clypeatus. Der Kopf von ansehnlicher Gröfse, hat etwa die Breite des Rückenschildes, ist vorn weit ausgerandet zur Aufnahme der kurzen dreieckigen Mandibeln. Derselbe läuft zu jeder Seite hinten in einen flachen stumpfen Zahn aus, vor den Augen scheint er einen breiten durchsichtigen Rand zu haben. Die Fühler sind von ziemlicher Länge, braun, an den Spitzen dunkler, die Augen hervorstehend, rund, dunkelbraun. Das Rückenschild ist, wie bei der vorhergehenden Art, in der Mitte eingeschnürt, vorn zu jeder Seite in einen gröfsern gekrümmten, hinten in einen stumpfen aufwärts gebogenen flachgedrückten, hautähnlichen Zahn auslaufend. Der

Hinterleibsstiel hat deutlich abgesetzte Glieder, deren jedes an den Seiten in einen linienförmigen nicht zugespitzten Zahn ausläuft. Der Hinterleib ist an seinem Ursprung weit ausgeschnitten, an der Spitze eingekerbt und von einem gleich einer zarten Haut durchsichtigen schmalen Rande überall umgeben. Die Beine sind braun.

8. *Cryptocerus umbraculatus.*

Cryptocerus thorace subspinoso, ferrugineus abdomine flavo-maculato. Long. (feminae) lin. 4½.

Cryptocerus umbraculatus Fabr. Syst. piez. p. 420. n. 4. (Sec. spec. Lundii in Museo Regio Havniensi).

Habitat in America meridionali; Bahia Brasiliae; Mus. Reg. Berol. ex Museo Comit. de Hoffmannsegg.

Neutrum Cryptocero clypeato fere minor. Caput depressum medio ferrugineum, pilis brevissimis rarioribus adjacentibus aureo-punctatum, lateribus elevatum, postice truncatum, angulatum, pallido-marginatum, antice utrinque rotundatum pallidum. Mandibulae breves pallidae, apice obscuriores. Antennae ferrugineae, scapo pallido. Oculi globosi ferruginei. Thorax ferrugineus, pilis aureis intermixtis punctatus, lateribus denticulatus, antice spinosus, spinis brevibus depressis acutis pallidis subpellucidis. Petioli segmenta ferruginea, sparsim punctata, brevia, utrinque spinosa, spinis subaequalibus depressis recurvatis acutis, posticis margine superiori dilatatis membranaceis. Abdomen cordatum, ferrugineum, antice utrinque marginatum, marginibus elevatis membranaceis albo-hyalinis, basi, fascia intermedia medio interrupta apiceque testaceis, subtus testaceum. Pedes ferruginei pilis aureis rarioribus adjacentibus submicantes. Femora subincrassata, postica margine supero subdentata. Tibiae posteriores basi annulo pallido.

Femina major, capite thoraceque punctatis ferrugineis, lateribus testaceis. Caput marginatum postice truncatum obtusum margine elevato, crenato. Antennae breves ferrugineae. Oculi fusci. Ocelli in capitis vertice distincti. Collare linea elevata transversa a thorace distinctum, marginatum, margine crenato. Pleurae pallido-maculatae. Metathorax utrinque bispinosus, lateribus pallidus. Alae testaceae, hyalinae, ante apicem subfuscae, nervis prope insertionem pallidis, reliquis stigmateque ferrugineis. Petioli segmenta ferruginea, punctata, lateribus vix spinosa. Abdomen magnum vix punctatum obscure ferrugineum et fere nigrum, pallido-quadrimaculatum, ano ferrugineo. Venter ferrugineus basi pallidus. Pedes ferruginei.

Das Geschlechtslose der Königlichen Sammlung in Kopenhagen stammt aus Süd-Amerika, das Weibchen in hiesiger Sammlung, dessen Länge 4½ Linien beträgt, erhielt der Graf v. Hoffmannsegg von seinem Freunde Gomes in Bahia. Das Geschlechtslose der genannten Sammlung ist kleiner als der gewöhnliche Cryptocerus atratus, von Farbe braun, Kopf, Rückenschild und Hinterleibsstiel punktirt und erscheinen diese Theile, wie die Beine, durch aufsitzende kurze glänzende Härchen wie mit Goldpünktchen besäet. Der Kopf ist flach, gerandet, der Rand etwas aufgeworfen, scharf, vor den Augen von heller Farbe und einer dünnen Haut ähnlich. Hinten ist der Kopf jederseits, schräg abgeschnitten, hell gerandet, die Ecken wenig hervorstehend, kaum Dornen ähnlich. Die Fühler sind braun mit blassem Wurzelgliede, die Augen rund und dunkel. Am Rückenschild ist besonders der vordere Rand zu jeder Seite mit einem flachen, kurzen, doch scharf zugespitzten, nach hinten gekrümmten hell gefärbten Dorn bewaffnet. Die hintere Hälfte ist an den Seiten kurz gezahnt. Die Zähnchen sind ebenfalls von heller Farbe, flach und fast durchsichtig. Beide Abschnitte des Hinterleibsstiels stimmen in ihrer Gestalt und Beschaffenheit beinah überein. Jedes derselben läuft an den Seiten in einen flachen, zugespitzten, rückwärts gekrümmten, am Rande hellen und durchscheinenden Zahn aus. Der Hinterleib ist herzförmig, dunkelbraun. Der Grundtheil blafsgelb, durch die Mitte zieht sich eine unterbrochene Binde, die Spitze ist hellbräunlich. Zu jeder Seite neben der Einlenkung des Stiels hat der Hinterleib einen schmalen durchsichtigen Rand in Gestalt einer dünnen Haut. Der Bauch ist blafs. Die Beine sind wie der übrige Körper gefarbt, die hinteren Schienen blafs geringelt, die hintersten Schenkel etwas verdickt und am oberen Rande in der Mitte stumpf gezahnt.

Das Weibchen im hiesigen Museum zeigt ungefähr dieselben Verhältnisse, wie beim Cryptocerus atratus. Es ist ansehnlich gröfser und erreicht fast an Gröfse die Geschlechtslosen des Cryptocerus atratus. Kopf und Rückenschild sind punktirt. In den eingedrückten Punkten finden sich die kurzen glänzenden Härchen, welche den Geschlechtslosen ein goldschillerndes Ansehen ertheilten. Der Kopf ist nicht breiter als das Rückenschild, nach vorn aufgeworfen und blafs, seitwärts mit einem gekerbten aufgeworfenen Rande versehen, das Hinterhaupt noch besonders gerandet und auch dieser Rand dunkler und gekerbt, jederseits in einen stumpfen Winkel auslaufend. Die Mandibeln sind kurz und breit, die Fühler kurz mit kürzerem hellen Wurzelgliede, die Augen rund, dunkel, die Nebenaugen sehr deutlich. Vom Rückenschild ist das Halsschildchen deutlich getrennt, queer durch dasselbe zieht sich dicht am Rückenschilde ein fein gekerbter Kamm und vorn wird es durch einen ebenfalls gekerbten Rand begränzt. An den Seiten ist dieser vordere Rand kaum merklich in einen stumpfen Winkel vorgezogen. Der Rücken ist dunkel, die Brustseiten sind höckrig, punktirt, blafs gefleckt, fein behaart. Das Schildchen ist durch zwei eingedrückte geschwungene Queerlinien geschieden, der Hinterrücken zu beiden Seiten mit zwei kurzen hellen Dornen, von welchen der letzte spitz ausläuft, bewaffnet. Die Segmente des Hinterleibsstiels sind kurz, dunkelbraun, punktirt, an den Seiten höckerig. Der Hinterleib, gröfser als beim Geschlechtslosen, ist dunkel schwarzbraun, geziert mit vier hellgelben Flecken, zwei zu jeder Seite, von denen die beiden am Grundtheil des Hinterleibes gröfser und beinah vereinigt, die beiden mittleren deutlich getrennt sind. Die Spitze ist hell röthlichbraun, der Bauch eben so gefärbt, mit einem grofsen gelben Fleck an der Einlenkung des Stiels. Die Flügel sind gelblich, durchscheinend, vor der Spitze dunkel, die Nerven an der Wurzel blafsgelb, die übrigen sammt dem Randmahl dunkelbraun. Die Beine sind einfarbig braun.

9. *Cryptocerus elongatus.*

Cryptocerus thorace antice posticeque spinoso, elongatus, aterrimus. Fem. long. lin. 5.

Patria: Parà in Brasilia. Misit Sieber; ex Museo Com. de Hoffmannsegg. Rio Janeiro; misit Sello. Demerary. Comm. Hemmerich.

Cryptocero atrato vix brevior at valde elongatus, cylindricus et angustissimus. Aterrimus. Caput punctatum globosum, margine ante oculos utrinque elevato, postice utrinque subtuberculatum. Clypeus parvus, albido-tomentosus. Mandibulae apice bidentatae. Antennae brevissimae fuscae. Oculi globosi fusci. Ocelli distincti. Thorax abdomine brevior, punctatus, lobo antico utrinque tuberculato, tuberculis brevibus acutis. Metathorax dorso scaber, apice bispinosus. Segmenta petioli brevia, transversa, punctisque impressis scabra. Abdomen elongatum, subtilissime transversim striatum et sparsim impresso-punctatum, segmentis marginibus tenuissime sanguineis. Pedes simplices, femoribus vix apice ferrugineis. Alae fumigatae, hyalinae, nervis stigmateque fuscis.

Von Parà und Rio Janeiro in Brasilien und von Demerary. Weibchen, fünf Linien und beinah so lang als der Cryptocerus atratus, nur schmal und cylindrisch. Kopf und Rückenschild sind punktirt; der Kopf kugelrund, der Rand an jeder Seite vor den Augen aufgeworfen. Hinter den Augen befindet sich ein fast unmerklicher spitziger Höcker. Das kleine Kopfschild ist mit weifslichen Härchen dicht bedeckt, die Frefszangen sind an der Spitze zweigezahnt, die Fühler kurz und dunkelbraun, die Augen rund, die Nebenaugen deutlich. Am Rückenschild befindet sich vorn zu jeder Seite ein spitziger Hökker. Der Hinterrücken, rauh durch tief eingedrückte Punkte, endigt sich in zwei spitze Dornen. Die Abschnitte des Hinterleibsstiels sind kurz, und durch eingedrückte Punkte, wie der Hinterrücken ungleich. Der Hinterleib ist schmal und lang, höchst fein in die Queere gestreift und hin und wieder punktirt. Die Abschnitte schillern an den Rändern braunroth. Die Flügel sind durchscheinend, doch etwas dunkel bräunlich angeflogen. Nerven und das sehr deutliche Randmahl sind dunkel braunschwarz. Die Beine sind kurz, die Schenkel an der Spitze braun.

10. *Cryptocerus quadrimaculatus.*

Cryptocerus elongatus, aterrimus, abdomine flavo-quadrimaculato. Fem. Long. lin. $3\frac{1}{2}$.

Patria: Brasilia; Sello. Parà; misit Sieber; ex Museo Com. de Hoffmannsegg.

Praecedenti simillimus ejusdemque magnitudinis et staturae. Caput punctatum globosum ante oculos utrinque marginatum, elevatum, postice rotundatum. Mandibulae breves, acutae, nigrae. Antennae brevissimae fuscae, apice rufescentes. Oculi globosi. Ocelli distincti. Thorax punctatus, antice utrinque subspinosus. Metathorax punctis impressis scaber, basi utrinque tuberculatus, apice bispinosus. Segmenta petioli brevia, punctis impressis scabra, utrinque tuberculata. Abdomen cylindricum, segmento primo maximo, basi et ad apicem utrinque flavo-maculato. Segmenta omnia tenuissime sanguineo-marginata. Alae obscurae, hyalinae, nervis stigmateque fuscis. Pedes breves, femoribus apice tibiis tarsisque ferrugineis.

Aus Brasilien. Ebenfalls nur Weibchen, im Körperbau der vorhergehenden Art höchst ähnlich, doch etwas kleiner und nur $3\frac{1}{2}$ Linien lang. Der Kopf punktirt, kugelrund, vorn mit aufgeworfenem Seitenrande, hinten gerundet. Die Fresszangen zugespitzt. Die Fühler kurz, braun, an der Spitze röthlich, die Augen rund, die Nebenaugen deutlich. Das Rückenschild, dicht punktirt, hat vorn zu jeder Seite einen spitzigen Höcker. Der Hinterrücken endigt sich in zwei Dornen und ist an den Seiten höckrig. Die Abschnitte des Hinterleibsstiels sind dicht punktirt. Der erste Abschnitt ist nicht ganz so breit als der zweite, an den Seiten höckerig, der zweite zu jeder Seite in einen stumpfen Dorn auslaufend. Am Hinterleib, welcher schwach punktirt ist, ist der erste Abschnitt sehr gross und mit vier gelben Flecken bezeichnet, von welchen zwei am vordern Rande, zwei unweit der Spitze, dicht an den Seiten, befindlich sind. Sämmtliche Abschnitte haben einen sehr schmalen rothen Rand. Die Flügel sind dunkel, durchsichtig, mit dunkelbraunen Nerven und Randmahl, die Beine kurz, die Schenkel an der Spitze braun, Schienen und Fussglieder braun.

Ceramius.

Ceramius.

Ceramius Latreille, (Considérations etc. Cuvier regne animal). *Gnatho* Klug (Magaz. d. Gesellsch. naturf. Fr. zu Berlin IV.).

Im Jahrgange 1810. des Magazins der Gesellschaft naturforschender Freunde stellte ich (pag. 36 u. f.) eine merkwürdige neue Wespengattung unter der Benennung *Gnatho* auf. Ich kannte damals von dieser so auffallend verschiedenen Gattung nur eine Art, welche Herr Professor Lichtenstein in Afrika entdeckt hatte, und die ich nach ihm *Gnatho Lichtensteinii* nannte, auch auf einer beigefügten Tafel (I. Fig. 3.) abbilden und eben daselbst (Fig. e. f.) einige Umrisse der wie es schien, sehr merkwürdig gebildeten inneren Mundtheile geben liefs. Späterhin indefs überzeugte ich mich, dafs der Gattungsname Gnatho schlecht gewählt sey, weil schon von unserm verewigten Illiger in dessen Magazin der Insektenkunde Band VI. pag. 348. dieselbe Benennung zur Bezeichnung einer Käfergattung, die Latreille Megacephala nennt, angewendet worden ist; dann aber lehrte mich eine genauere Untersuchung, dafs ich die Structur der Lippe und ihrer Theile nur an einem verstümmelten Stücke und unrichtig beobachtet und demgemäfs falsch und mangelhaft beschrieben und in der Abbildung vorgestellt hatte.

Beide von mir begangene Fehler zu verbessern, und was sonst lückenhaft in meiner frühern Arbeit erscheint, zu ergänzen, war, indem ich die folgenden Zeilen niederschrieb, meine hauptsächlichste Absicht, wobei nun aufserdem diese Gelegenheit von mir benutzt worden ist, um auch die übrigen aufser dem Ceramius Lichtensteinii nun bekannten Arten dieser Gattung zu beschreiben.

Was die Gattungsbenennung *Gnatho* betrifft, so ist diese sehr leicht und zweckmäfsig durch Latreille's Gattungsnamen *Ceramius* ersetzt, unter welcher Benennung dieser so berühmte als verdiente Schriftsteller dieselbe Gattung auf den Grund der Untersuchung einer andern und zwar Europäischen Art in seinen im Jahr 1810. zu Paris erschienenen „Considérations générales sur l'ordre naturel des Crustacés, des Arachnides et des Insectes (p. 329. G. 502.) zuerst aufgestellt hat.

Der zweiten Anforderung genügt zuvörderst nachstehende genaue und umständliche Beschreibung der Lippe, wie ich sie an meinem Ceramius Lichtensteinii beobachtet habe:

Das Ganze der Lippe, weit entfernt von der ihm im Magazin IV. p. 36. angeschuldigten Dürftigkeit, ist viel eher zusammengesetzter als bei den übrigen Wespen. Wie im Körper des Thieres überhaupt eine gewisse Annäherung eines Theils an die bienenartigen Insekten, andern Theils an Latreilles Crabronites sich verrathen will, so enthält auch der Apparat, den man gewöhnlich Lippe nennt, Einzelheiten, die sonst nur in veränderter Form und Verhältnifs dem Bienenmunde gehören. Ich fange mit der Lippenscheide an und bemerke von ihr zuerst, dafs sie ihrer Form nach beinah einen Kubus darstellt und in ihrer Substanz mehr lederartig als hornähnlich ist. Ihr Inneres verbirgt einen ansehnlichen Vorrath von muskulösen und sehnigten Gebilden zur Lenkung der verschiedenen aus ihr hervorgehenden, zum Saugen, zum Tasten oder zur Unterstützung der saugenden Theile dienenden Werkzeuge. Jhre untere Fläche schützt die hornharte Bekleidung, ihre obere Fläche erhebt sich in einem doppelten zweispaltigen, ebenfalls hornharten Streifen mit abweichenden Spitzen. Unter diesem finden wir eine gewölbte aus einer feinen Membran gebildete Schuppe angeheftet und durch diese als zartere Fortsetzung der Lippenscheide eine Verbindung zwischen dem Kubus der Lippenscheide und den aus ihm entspringenden, nach aufsen hervortretenden, nun näher zu beschreibenden Theilen bewerkstelligt.

Von diesen Theilen gedenke ich zuerst zweier zarten häutigen, im Anfang scheibenförmigen, dann plötzlich sich verengenden und in einen linienförmigen Fortsatz auslaufenden Seitenlappen, die mit grofsem Rechte Nebenzungen (paraglossae) genannt werden könnten. Sie sind die Aufsentheile der Lippe und dienen zum Schutz der innen gelegenen doppelten Zunge. Weiter erwähne ich einer schmalen, feinen und häutigen Schuppe, deren eine zu jeder Seite unter der schon beschriebenen Lippenscheide hervortritt und der Zunge von oben Schutz gewährt. Besonders aber und als vorzüglich merkwürdig nenne ich die zwischen den scheibenartigen Nebenzungen verborgene, diese an Länge kaum übertreffende Röhren ähnliche, sehr fein geringelte doppelte Zunge. Endlich füge ich dem noch bei, daſs die Freſsspitzen der Lippe zwar viergliedrig sind, das letzte Glied indessen ausgezeichnet klein ist, so daſs es bei einer weniger genauen Untersuchung leicht übersehen werden kann.

Dies war, was in Hinsicht meiner früheren Angaben über die Gattung Gnatho (nunmehr Ceramius) nothwendig berührt und berichtigt werden muſste. Jetzt folgt das Resultat der spätern Untersuchungen der Europäischen Art oder des Ceramius Fonscolombii Latr. und der Vergleichung seiner Theile mit denen des Ceramius Lichtensteinii.

Die Lippe, als derjenige Mundtheil des Ceramius, welcher der vorzüglichsten Aufmerksamkeit werth scheint, ist beim Ceramius Fonscolombii überhaupt mehr zusammengedrückt, besonders aber nähert sich die Lippenscheide in ihrer Gestalt mehr diesem Theile wie er bei andern Hymenopteren und namentlich auch den Vespariae gewöhnlich angetroffen wird. Undeutlicher sind hier die hornartigen Streifen, welche divergirend auf der obern Fläche der Lippenscheide des Ceramius Lichtensteinii angetroffen wurden. Dagegen sind um vieles deutlicher und in gröſserer Vollkommenheit die Hautschuppen an der Spitze der oberen Seite der Lippenscheide vorhanden, und wir sehen, daſs eine derselben zu jeder Seite den Ursprung der Seitenlappen oder Nebenzungen deckt, eine doppelte hingegen in der Mitte zwischen diesen von oben her den Saugapparat schützt. Die Nebenzungen selbst sind wie bei der Afrikanischen Art gestaltet. Nur sind die linienförmigen Fortsätze in welche sie auslaufen, verhältniſsmäſsig kürzer, auch in ihren Spitzen mit einem dunkeln Punkte bezeichnet. Eine doppelte Zunge ist auch hier zwischen den äußeren Lappen versteckt, nur ist sie breiter und kürzer, zugleich ist jede der einzelnen Röhren auf der inwendigen Seite etwas geflächt, am obern Rande leicht gefranzt, überhaupt undeutlicher geringelt. Die Lippentaster endlich sind deutlich viergliedrig, das letzte Glied nur wenig kürzer als das vorhergehende:

So wie aber bei diesen beiden Arten der Gattung Ceramius Verschiedenheiten geringerer Bedeutung in der Lippe und dem Verhältniß der Tasterglieder obwalten, eben so treffen wir, wenn auch nicht wesentliche, doch bemerkenswerthe Abweichungen in der Structur der Laden und vorzüglich der ihnen gehörenden Taster an. Letztere sind nemlich zwar auch auf den ersten Anblick und bei oberflächlicher Betrachtung mit einer gewöhnlichen Lupe nur eingliedrig, erscheinen jedoch bei einer stärkern Vergrößerung mittelst einer einfachen Linse schon deutlich dreigliedrig, so daß wir ein kurzes rundes Wurzelglied, ein darauf folgendes längeres und ein wohl doppelt so langes Endglied ohne Mühe unterscheiden, und selbst dieses Endglied ist unweit der Spitze durch eine besondere Einschnürung getheilt, so daß einem gut bewaffneten Auge die Kinnladentaster des Ceramius Fonscolombii viergliedrig erscheinen.

Ganz wie bei dem Ceramius Fonscolombii sind auch die Mundtheile einer höchst ähnlichen Art, welche sich in der Sammlung des Grafen v. Hoffmannsegg fand und als Ceramius lusitanicus späterhin beschrieben worden ist, gebildet. Dagegen findet sich bei einer neuen und merkwürdigen Afrikanischen Art, dem ebenfalls nachher beschriebenen

Ceramius linearis, in Uebereinstimmung mit einem sehr schmalen Körperbau eine so auffallende Verengung und linienförmige Verlängerung sämmtlicher inneren Mundtheile, dafs mit demselben Rechte, wie die Trennung einiger Vespariae und Sphegimae mit sehr verlängerten Mundtheilen geschehen, auch der Ceramius linearis als eigene Gattung hätte aufgestellt werden können, welches aber, da besonders nur ein einziges Insekt von dieser Art bisher bekannt geworden ist, nicht zu rechtfertigen seyn würde.

Ueberhaupt habe ich die eben gedachten Abweichungen vorzüglich darum aufgezeichnet, weil es mir der Mühe werth schien, sie zu kennen, nicht, dafs sie einmal einen Grund abgeben könnten, die verschiedenen Arten von Ceramius danach als Gattungen zu trennen. Jch halte diese Abweichungen, vielleicht mit Ausnahme der Mundbildung des Ceramius linearis, nur für unwesentlich und bin der Meinung, dafs sie in einem System nach Fabricischen Grundsätzen gemeinschaftlich die Materialien zu einem sehr guten künstlichen Gattungscharakter etwa in folgender Art hergeben könnten:

Palpi quatuor: *labiales* longiores, quadriarticulati, articulis cylindricis, subaequalibus, ultimo brevissimo; *maxillares* breviores, articulis indistinctis.

Labium tubo affixum coriaceo, brevi, subcompresso, apice subtus integro, supra squamis membranaceis utrinque tecto, bilaciniatum; *laciniis* membranaceis, semiorbiculatis, in processum brevem linearem exeuntibus, *linguam* (s. glossarium) duplicem obtegentibus.

Ma-

Maxillae compressae, basi corneae, apice membranaceae, subintegrae.

Der wesentliche Character aber würde in der Beschaffenheit der Lippe zu suchen, und mit den Worten ausgesprochen seyn: *Labium* bilaciniatum, laciniis *linguam* duplicem obtegentibus.

Ehe ich die Betrachtung der Gattung verlasse, kann ich nicht umhin noch der Kinnbacken (mandibulae) zu erwähnen, die bei den verschiedenen Arten abweichend geformt, bei dem Ceramius Lichtensteinii an der Spitze zweizahnig sind und vor der Mitte nichts als eine geringe Erhabenheit als unbedeutende Anlage zu einer zahnförmigen Erhöhung zeigen, dagegen beim Ceramius Fonscolombii nicht allein unweit der Wurzel mit einem im rechten Winkel einwärts vorspringenden starken Zahne bewaffnet sind, sondern auch nach diesem außer dem scharfen Zahne der Spitze, zwei in derselben Richtung abwärts geführte scharfe und ziemlich lange Zähne haben. Auch bemerke ich beiläufig, daſs ich Exemplare des Ceramius Lichtensteinii erhalten habe, welche die Flügel nach Art der übrigen Wespen gefaltet trugen, so daſs, wenn auch dasselbe in Hinsicht des Ceramius Fonscolombii, nach Latreille's Versicherung nicht statt finden sollte, dennoch Latreilles „ailes étendues" (Considérations etc. l. c.) die Gattung Ceramius zu unterscheiden nicht geeignet seyn würden.

Die Arten sind:

1. *Ceramius Lichtensteinii.*

Ceramius ochraceus, vertice, thoracis dorso, abdominis segmentis macula baseos nigris. Long. lin. 8.

Gnatho Lichtensteinii Klug Mag. d. Ges. naturf. Freunde. IV. p. 38. Tab. 1. Fig. 3.

Patria: Prom. bonae spei.

Facies Crabronis. Caput magnum punctatum nigrum, oculorum cantho, macula frontali duplici, genis, clypeo labroque luteis. Antennae vix capite longiores ferrugineae. Mandibulae ferrugineae apice nigrae. Collare luteum, antice nigrum, lateribus ferrugineum. Thorax dorso punctatus niger. Metathorax supra ochraceus. Scutellum basi nigrum. Squamae ochraceae. Pleurae nigrae macula semilunari pallida. Abdomen ochraceum, segmentis quatuor prioribus macula magna media baseos nigra. Alae hyalinae nervis stigmateque ferrugineis. Pedes ochracei.

Vom Vorgebirge der guten Hoffnung. Acht Linien lang und vom Ansehen eines Crabro oder Philanthus. Der Kopf grofs, punktirt, schwarz; ochergelb: Schild und Lefze, der Winkel vor den Augen, ein doppelter Fleck an der Stirn zwischen den Augen und die Wangengegend. Fühler und Mandibeln sind braun, letztere mit schwarzen Spitzen. Der Halskragen oder vordere Lappen des Rückenschildes ist gelb an den Seiten mit einem braunen Schatten, die vordere untere Seite aber schwarz. Das Rückenschild selbst ist stark punktirt und schwarz, der Hinterrücken hell ochergelb, das Schildchen entweder ganz oder doch zur gröfsern hintern Hälfte gelb. Die Brustseiten haben einen blafsgelben, mondförmig gebogenen Fleck. Die Flügelschuppen sind ochergelb, die Segmente des Hinterleibes von der nemlichen Farbe. Nur die ersten vier haben einen mattschwarzen, grofsen und halbrunden Fleck, welcher zugleich die ganze Breite des vordern Randes einnimmt. Die Flügel sind durchscheinend, wenig bräunlich getrübt, mit braunen Nerven und Randmahl. Die Beine sind durchaus ocherfarben.

2. *Ceramius linearis.*

Ceramius elongatus niger, thorace maculis, abdomine fasciis sex anoque flavis. Mas long. lin. 7.

Patria: Prom. bonae spei; Distr. Vitenhágen. Krebs.

Corpus elongatum, angustissimum, nigrum. Caput punctatum, linea utrinque ante oculos flexuosa, semicirculari frontali ad clypei basin intermedia, punctoque utrinque in medio genarum flavis. Clypeus flavus, utrinque ad basin niger. Labrum flavum. Mandibulae flavae, apice nigrae. Antennae thorace fere duplo longiores, filiformes, apice incurvatae luteae, articulo primo flavo, dorso nigro. Rostrum lineare flavum. Thorax elongatus, lobo antico, apice valde sinuato, flavo, macula utrinque triangulari nigra, intermedio lineola dorsali abbreviata, lineolis lateralibus obliquis, punctisque duobus versus marginem anteriorem flavis. Squamae luteae, flavo-marginatae. Pleurae macula triangulari flava. Scutellum flavum, basi nigrum, puncto utrinque flavo. Metathorax utrinque flavo-maculatus. Abdomen apice bidentatum nigrum, segmentis quinque prioribus margine postico late, sexto fascia bisinuata, ultimo apice flavis. Venter in ultimo segmento dentatus, dente brevi recurvo, medio flavo-maculatus, macula transversa biloba. Alae hyalinae, apice obscuriores nervis stigmateque ferrugineis. Pedes flavi coxis pallidis.

Von Vitenhagen. Nahe an 7 Linien lang. Ein einzelnes männliches Exemplar. Der Körper sehr schmal, fast linienförmig. Die Grundfarbe schwarz. Am Kopfe finden sich vor den Augen ein etwas gebogener Strich, eine Zirkellinie dazwischen in der Mitte nahe dem Grundtheile des Kopfschildes und hinter den Augen in der Mitte der Wangen ein Punkt von gelber Farbe. Das Schildchen ist sechsseitig, gelb, die hinteren Seiten schwarz gerandet. Die Lefze und der linienförmig vorgestreckte Rüssel sind gelb, die Freſszangen gelb mit schwarzen Spitzen. Die fadenförmigen Fühler mit gekrümmten Spitzen, wohl doppelt so lang als das Rückenschild, sind röthlichgelb, das Wurzelglied gelb, oben schwarz. Das längliche Rückenschild ist wie der Kopf punktirt, das Halsschild, an der Spitze tief ausgeschnitten, ist gelb mit einem schwarzen dreieckigen Fleck an den Seiten. Die Mitte des Rückenschildes dagegen ist schwarz und die gelben Zeichnungen auf demselben bestehen in einer abgekurzten Mittellinie, zwei dergleichen schrägen Seitenlinien und zwei kleinen Punkten. Die Punkte stehen nicht weit von dem vorderen Rand zwischen den Seitenfortsätzen des Halsschildes. Die Linien berühren die Basis des Rückenschildchen. Dieses ist schwarz mit gelber Spitze und hat einen gelben Punkt zu jeder Seite, da wo es sich mit dem Rückenschild verbindet. Der Hinterrücken hat auf jeder Seite einen gelben Fleck. Der Hinterleib ist, wie der ganze Körper sehr schmal, endigt sich in zwei kurze, hakenförmig gekrümmte Spitzen und hat zwischen diesen auf der untern Seite noch einen breiteren Dorn, wie dergleichen auch bei den männlichen Bembex wahrgenommen wird. An den fünf ersten Abschnitten ist die vordere Hälfte schwarz, die hintere gelb, und dasselbe findet sich auch bei dem sechsten Abschnitt, nur dafs hier die gelbe Binde, wie bei dem folgenden Cer. Fonscolombii auf jeder Seite einen Ausschnitt hat. Der letzte Abschnitt ist an der Spitze gelb. Auf dem Bauch sieht man einen breiten, zweilappigen, gelben Fleck. Die Beine sind dunkelgelb mit blafsgelben Hüftstücken, die Flügel durchscheinend, an der Spitze etwas getrübt, mit braunen Nerven und Randmahl.

3. *Ceramius Fonscolombii.*

Ceramius ater, capite thoraceque punctis, abdomine fasciis utrinque sinuatis flavis. Long. lin. 7.

Ceramius Fonscolombii Latreille Considérations etc. p. 329. u. 438.

Habitat in Gallia meridionali.

Statura fere Vespae gallicae. Corpus subpubescens. Caput clypeo, linea ante oculos et puncto versus marginem posticum genarum flavis. Mandibulae ejusdem coloris, apice nigrae. Antennae vix capite longiores, articulo primo subtus flavo. Collare nigrum, medio flavum. Macula utrinque ad basin pleurae, puncta tria linearia parva in dorso thoracis, lineola in scutelli medio longitudinaris et altera sub scutello minor, transversa, punctum denique utrinque in metathorace, flava. Abdominis segmentum primum maculam utrinque flavam, segmenta quinque insequentia fascias totidem utrinque profunde sinuatas habent, septimum segmentum macula media flava ornat. Venter planus niger, basi ferrugineus, segmento secundo puncto utrinque, tertio quartoque macula transversa bisinuata flavis. Pedes subtus lutei, dorso flavi sunt, exceptis coxis femoribusque ultra basin nigris apice tamen flavis. Alae hyalinae, apice fuscescentes, nervis fuscis, costa stigmateque ferrugineis. Alarum squamae flavae puncto medio luteo notatae.

Aus dem südlichen Frankreich. Sieben Linien lang. Tiefschwarz, Kopf und Rückenschild punktirt. Gelb sind ein Saum am inwendigen Rande der Augen, ein Fleck in der hintern Wangengegend, die untere Seite des Fühlerschafts, das Kopfschild und die Fühler bis zur Spitze, ferner der mittlere Theil des Halsschildes, ein Fleck an den Brustseiten, drei linienförmige Punkte auf dem Rücken dicht am vorderen Rande des Schildchen, auf diesem eine Längslinie, unter ihr eine kleine Queerlinie und ein Punkt zu jeder Seite am Hinterrücken. Die Flügelschuppen sind gelb mit einem dunkleren Mittelpunkt. Der Hinterleib ist schwarz. Der erste Abschnitt hat auf jeder Seite einen Fleck, der letzte einen Mittelpunkt, die übrigen haben eine zweimal tief ausgebogene, den hinteren Rand ganz einnehmende Queerbinde von gelber Farbe. Die ersten Segmente am Bauch sind braun, das zweite hat zwei gelbe Punkte, auf dem dritten und vierten findet sich in ähnlicher Art wie oben ein doppelt ausgerandeter Queerfleck. Die Flügel sind durchscheinend, an den Spitzen dunkler, mit dunklen, fast schwarzen Nerven, wogegen die Nerven in der Wurzel und am vordern Rande der Flügel wie das Randmahl bräunlich gelb sind.

4. *Ceramius lusitanicus.*

Ceramius ater, abdomine fasciis flavis repandis. Habitat in Lusitania; Com. de Hoffmannsegg.

Simillimus praecedenti ejusdemque magnitudinis et staturae. Differt praesertim antennis multo longioribus, fasciisque abdominalibus utrinque emarginatis quidem, minime tamen profunde sinuatis. Caput punctatum, atrum, fusco-pilosum, genis macula postica flava. Canthus oculorum vix flavo-marginatus. Clypeus flavus, margine omni nigro. Labrum fuscum apice flavum. Mandibulae flavae, apice nigrae. Antennae thorace longiores nigrae, apice involutae, ferrugineae, articulo primo subtus flavo. Thorax punctatus ater, fusco-pilosus. Collare antice utrinque flavum. Scutellum macula dorsali flava. Pleurae puncto flavo. Squamae ferrugineae. Abdomen macula utrinque ad apicem primi segmenti, fasciis quinque medio repandis utrinque dilatatis maculaque dorsali in segmento septimo flavis. Segmenta ventralia flava, macula triangulari nigra. Alae apice fuscescentes nervis stigmateque fuscis. Pedes lutei, femoribus basi nigris, coxis subtus flavis.

Aus Portugal. Gröſse und Gestalt der vorhergehenden Art. Schwarz. Kopf und Rückenschild punktirt und dunkel behaart. An den Wangen findet sich ein kleiner Punkt, vor den Augen eine kaum wahrnehmbare Gränzlinie von gelber Farbe. Das Kopfschild ist gelb, überall schwarz gerandet. Die Lefze ist dunkel mit gelber Spitze, die Mandibeln sind gelb mit schwarzen Spitzen. Das Rückenschild ist fast einfarbig schwarz. Nur der Halsschild hat vorn zu jeder Seite einen gelben Fleck, das Schildchen einen gelben Mittelpunkt und ein sehr kleiner Punkt steht seitwärts unter jedem Vorderflügel. Die Flügelschuppen sind braun, die Flügel an der Spitze dunkel, Nerven und Randmahl braunschwarz. Am

Hinterleibe bemerken wir zu jeder Seite des ersten Abschnitts einen Fleck, auf dem letzten Segment einen Mittelfleck von gelber Farbe. An den übrigen Segmenten ist der hintere Rand gelb, so daſs er eine schmale gebogene, zu jeder Seite breitere Queerbinde bildet. Die Schilder des Bauchs sind, die letzten ausgenommen, blaſsgelb mit einem kleinen schwarzen Dreieck in der Mitte am vordern Rande. Die Beine sind dunkelgelb, die Schenkel an der Wurzel schwarz, die Hüftstücken unten blaſsgelb.

Zur

Monographie

der

Gattung: Chlamys.

Zur Auseinandersetzung der Gattung Chlamys verleitete mich die, wie es mir damals schien, grofse Menge der Arten dieser Gattung, welche, neben einer bedeutenden Anzahl anderer Insecten, vorzüglich auf seiner letzten gröfseren Reise in Brasilien der Herr Legationsrath Dr. von Olfers und sein fleifsiger Begleiter Sellow gesammelt und nach Europa gesendet hatten. Gleiche Umstände waren es, welche zur nemlichen Zeit Herrn Vinc. Kollar in Wien zur Bearbeitung einer Monographie derselben Gattung und Herausgabe seiner: Monographia Chlamydum. Cum tabulis aeneis coloratis duabus. Viennae. Impensis Heubneri 1824. fol. vermochten. Wäre diese Monographie vor der Vollendung der meinigen erschienen, so würde die Bekanntmachung der letztern wahrscheinlich unterblieben seyn. Jedoch können beide, nach meiner jetzigen Ueberzeugung auch recht wohl neben einander bestehen, da in jeder derselben eine nicht unerhebliche Menge neuer Arten beschrieben ist. Nur etwa die Hälfte derer, welche die Monographie des Herrn Kollar enthält, ist mir oder sonst bekannt gewesen, so dafs die Gattung Chlamys, früher von so geringem Umfange, hierdurch eben so schnell als bedeutend gewonnen hat. Wo in beiden Monographieen, wie einigemal der Fall ist, dieselben

Arten unter verschiedenen Benennungen vorkommen, müssen, in sofern nicht ältere Artbezeichnungen schon vorhanden und von mir benutzt waren, die von Herrn Kollar gewählten Bezeichnungen den Vorzug behalten. Die von Herrn Kollar geschehene Eintheilung der Gattung in zwei Familien, je nachdem die Nath der Deckschilde entweder fein gezahnt oder glatt ist, erleichtert die Anordnung und das Aufsuchen der Arten. Ich hatte diese Verschiedenheit zwar ebenfalls wahrgenommen und bei den Artbeschreibungen jederzeit angegeben, wollte aber, da die Zahl der Arten mit glattem Nathrande im Verhältniſs gering ist, hierauf keine Eintheilung in Familien stützen. Herr Kollar hat in seiner Monographie überhaupt 45 Arten beschrieben, von welchen vier zur zweiten Familie gehören. Folgende Veränderungen würden in Beziehung auf gedachte Schrift in meiner Monographie vorzunehmen und zunächst als Synonyme zu früher bekannten Arten nachzutragen seyn:

zu *Chlamys monstrosa* p. 89. n. 1., Kollar Monogr. Chlamyd. p. 6. n. 1. Tab. I. Fig. 8.; zu *Chlamys bacca* p. 93. n. 3., Koll. Monogr. p. 6. n. 2. Tab. I. Fig. 9.; unter der dorterwähnten Abart ist wahrscheinlich Chlamys cuprea (p. 94. n. 4.) verstanden. Zu *Chlamys arcula* p. 99. n. 7., Chl. Schreibersii Koll. Monogr. p. 9. n. 5. Tab. I. Fig. 12.; zu *Chlamys capricornis* p 113. n. 21., Chl. Dejeani Koll. Monogr. p. 14. n. 10. Tab. I. Fig. 17.; zu *Chlamys plicata* (tuberosa Knoch), Koll. Monogr. p. 12. n. 8. Tab. I. Fig. 15.; zu *Chlamys cistella* p. 125. n. 33., Chl. Mikani Koll. p. 25. n. 21. Tab. II. Fig. 28.; zu *Chlamys luteola* p. 161. n. 66., Chl. signata Koll. p. 44. n. 40. Tab. II.

Fig. 47.; zu *Chlamys puncticollis* p. 154. n. 59., Chl. Mühlfeldii Koll. p. 19. n. 15. Tab. I. Fig. 22.

Dagegen würden folgenden von mir beschriebenen Arten nachstehende in der Monographie des Herrn Kollar vorkommende Benennungen an der Stelle der meinigen beizulegen seyn:

Chlamys spinosa Koll. (Monogr. p. 8. n. 4. Tab. I. Fig. 11.) der Chl. muricata p. 97. n. 6.; *Chlamys Langsdorfii* Koll. (p. 10. n. 6. Tab. 1. Fig. 13) der Chl. rugosa p. 104. n. 11.; *Chlamys varians* Koll. (p. 29. n. 25. Tab. II. Fig. 32.) der Chl. diadema p. 109. n. 16.; *Chlamys Germari* Koll. (p. 33. n. 29. Tab. II. Fig. 36.) der Chl. scoriosa p. 120. n. 28.; *Chlamys maculata* Koll. (p. 41. n. 37. Tab. II. Fig. 44.) der Chl. favosa p. 121. n. 29.; *Chlamys Olfersii* Koll. (p. 23. n. 26. Tab. I. Fig. 26.) der Chl. tenebrosa p. 124. n. 32.; *Chlamys globosa* Koll. (p. 22. n. 25. Tab. I. Fig. 25.) der Chl. purpurascens p. 128. n. 35.; *Chlamys Knochii* Koll. (p. 26. n. 22. Tab. II. Fig. 29.) der Chl. fuscipes p. 132. n. 39.; *Chlamys Nattereri* Koll. (p. 17. n. 13. Tab. I. Fig. 20.) der Chl. rufa p. 134. n. 41.; *Chlamys dromedarius* Koll. (p. 16. n. 12. Tab. I. Fig. 19.) der Chl. frenata p. 135. n. 42.; *Chlamys variegata* Koll. (p. 27. n. 23. Tab. II. Fig. 30.) der Chl. porosa p. 139. n. 45.; *Chlamys sulcata* Koll. (p. 38. n. 34. Tab. II. Fig. 41.) der Chl. cinnamomea p. 150. n. 55.; *Chlamys hieroglyphica* Koll. (p. 18. n. 14. Tab. I. Fig. 21.) der Chl. labiata p. 153. n. 58.; *Chlamys olivacea* Koll. (p. 45. n. 41. Tab. II. Fig. 48.) der Chl. bicolor p. 156. n. 61.; *Chlamys cyanea* Koll. (p. 46. n. 42. Tab. II. Fig. 49.) der Chl. cyanella p. 108. n. 15., und *Chlamys morio* Koll. (p. 47. n. 43. Tab. II. Fig. 50.) der Chl. globosa p. 119 n. 27.

Als neu sind folgende Arten der Kollarschen Monographie nachzutragen:

a. aus der ersten Abtheilung:

Chlamys hirta (p. 7. n. 3. Tab. 1. Fig. 10.), Chl. intricata (p. 11. n. 7. Tab. I. Fig. 14.), Chl. Latreillii (p. 13. n. 9. Tab. I. Fig. 16.), Chl. adspersa (p. 15. n. 11. Tab. I. Fig. 18.), Chl. Kammerlacheri (p. 20. n. 16. Tab. I. Fig. 23), Chl. Schottii (p. 21. n. 17. Tab. I. Fig. 24.), Chl. hybrida (p. 24. n. 20. Tab. I. Fig. 27.). Vielleicht jedoch Chl. tarsata p. 102. n. 9. der Monographie, doch hat sich die Art die zu den gewöhnlichsten in Brasilien gehören soll, mit Sicherheit nicht ermitteln lassen. Chl. elongata (p. 28. n. 24. Tab. II. Fig. 31.), Chl. Schüchtii (p. 30. n. 26. Tab. II. Fig. 33.), Chl. affinis (p. 32. n. 28. Tab. II. Fig. 35.), Chl. exarata (p. 34. n. 30. Tab. II. Fig. 37.), Chl. quinquesulcata (p. 35, n. 31. Tab. II. Fig. 38.). Diese scheint der Chl. cristata F. sehr ähnlich zu seyn; doch ist bei der letztern der inwendige Rand der Deckschilde glatt. Chl. thoracica (p. 36. n. 32. Tab. II. Fig. 39.), Chl. haemorrhoidalis (p. 37. n. 33. Tab. II. Fig. 40.), Chl. rubicunda (p. 39. n. 34. Tab. II. Fig. 42.), Chl. Selowi (p. 40. n. 36. Tab. II. Fig. 43.). Diese Benennung dürfte zu ändern seyn, da vermuthlich die Art, nach dem in den vorstehenden Monographieen oft erwähnten, um die Vermehrung der hiesigen Sammlungen so verdienten Sellow genannt ist und dann Sellovii heifsen müfste. Chl. Pohlii (p. 42. n. 38. Tab. II. Fig. 45.), Chl. Gysselinii (p. 43. n. 39. Tab. II. Fig. 46.).

b. aus der zweiten Abtheilung.

Chl. dubia (p. 48. n. 44. Tab. II. Fig. 51.) und Chl. sinuata (p. 49. n. 45. Tab. II. Fig. 52.).

Hiernach würde die erste Abtheilung der Chlamys durch Herrn Kollar's Monographie um 18, die andere um zwei Arten vermehrt, die Zahl der nun beschriebenen Arten überhaupt auf 84 gebracht worden seyn. Zur zweiten Familie gehören von den in meinen Monographieen zuerst beschriebenen Arten: Chl. galeata, umbrosa, pilula und braccata, und aufserdem die von Fabricius beschriebene Chl. cristata. Endlich machen noch einige in der Kollarschen Monographie gebrauchte Benennungen die Aenderung derselben Namen in der meinigen nothwendig. Dieses sind: Chl. affinis, p. 115. n. 23. welches in Chl. assimilis umzuändern, Chl. exarata p. 141. n. 47. wofür Chl. exasperata zu setzen und Chl. maculata p. 147. n. 52. welche Benennung mit Chl. maculosa zu vertauschen seyn würde. Bei dem, ehe mir die Monographie des Herrn Kollar zu Gesicht kam, schon vollendeten Abdruck der meinigen, hat die Zahl der Abbildungen auf welche bereits Beziehung genommen worden, nicht füglich ferner vermindert noch verhütet werden können, dafs nicht mitunter eine dort schon vorgestellte Art noch einmal abgebildet wurde. Dieses hat sich indefs nur selten gesroffen. Um die Richtigkeit der Abbildungen bin ich möglichst besorgt gewesen. Nicht alle gehören zu den gelungensten, doch mögen leicht die Arten von Chlamys sowohl in Bildern, als durch Beschreibungen sehr schwer richtig und vollkommen genügend darzustellen seyn.

Register.

Chla-

Berichtigungen.

Seite 180 Zeile 8 von oben, lies 2 statt 36.
— 189 — 15 — unten, — 5 — 56.

Tab I.

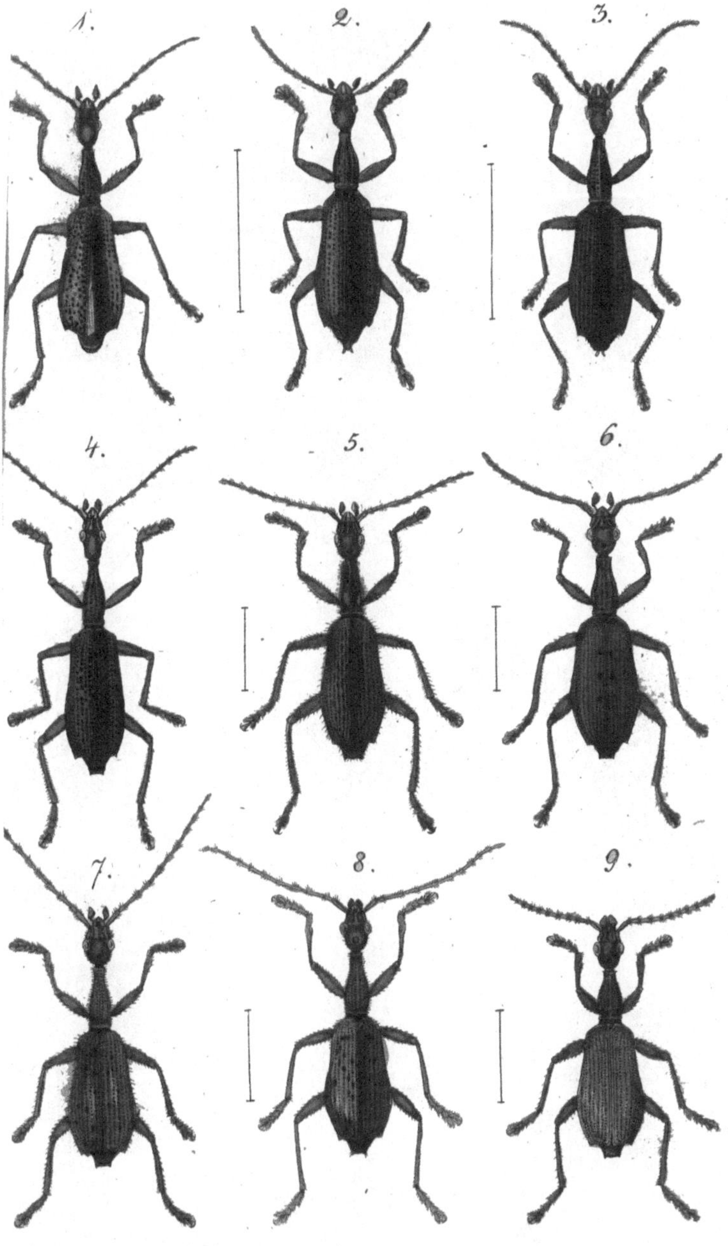

ag. Monogr. [illegible] et sculp [illegible]

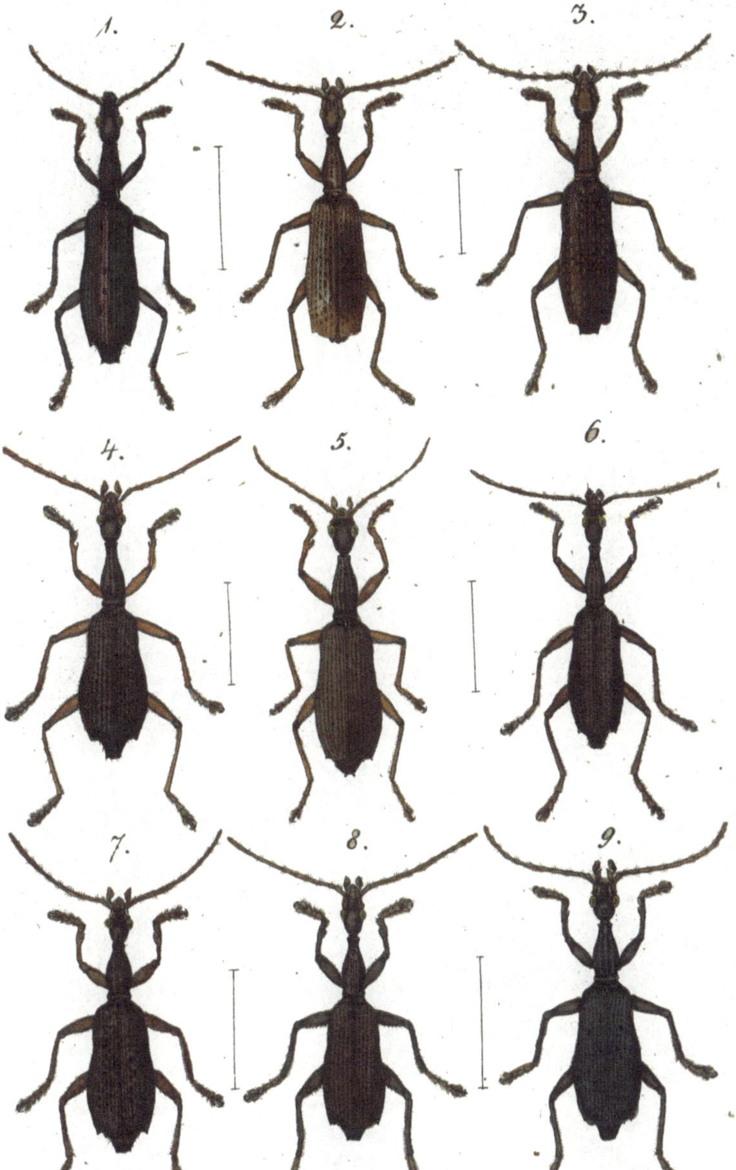

Klug Monogr.

Weber pinx. et sculps.

Tab. III

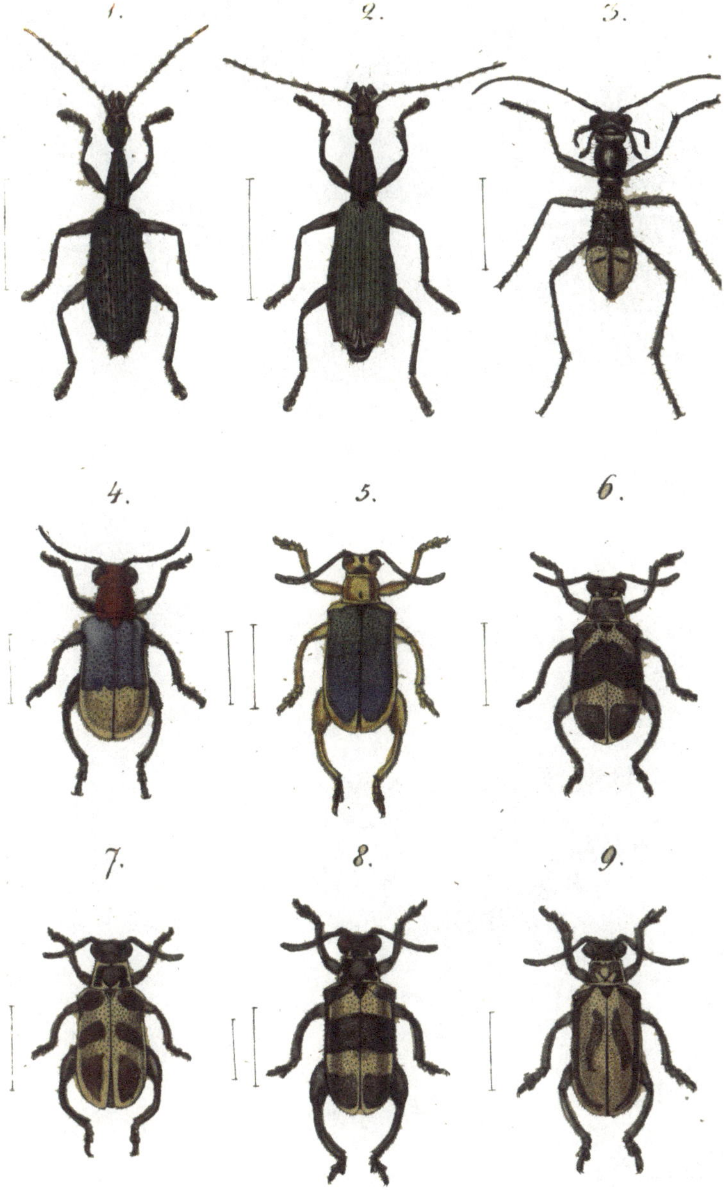

Weber del.

Klug Monogr.

Tab. IV.

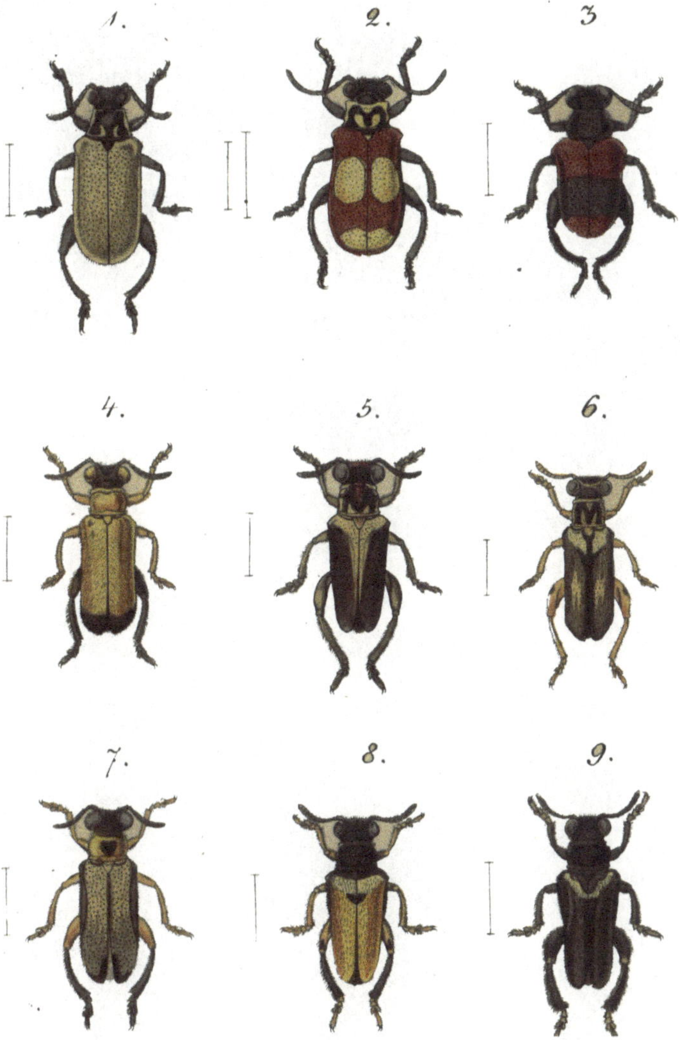

Klug Monogr.

Weber. pinx. et sculp.

Tab V

1.

2.

3.

4.

5.

6.

7.

8.

9.

Klug Monogr

Weber pinx. et sculp.

1.

2.

3.

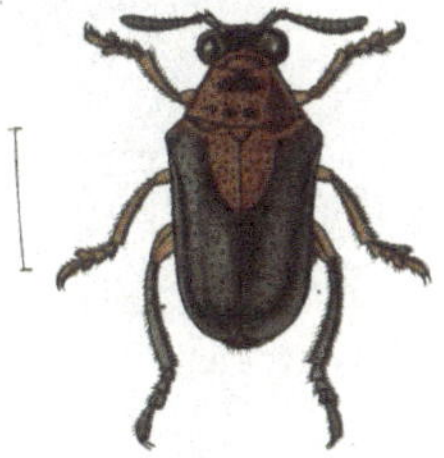

4.

5.

6.

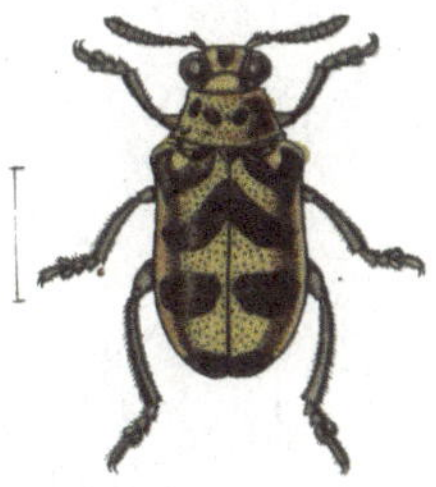

7.

8.

9.

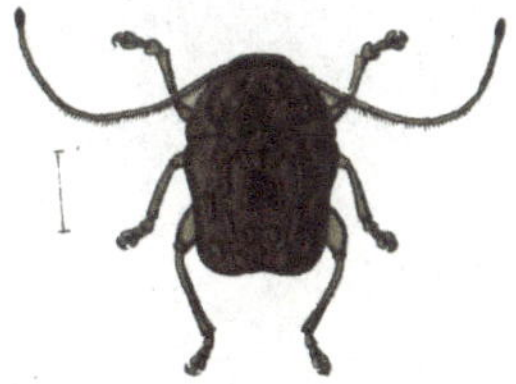

1.

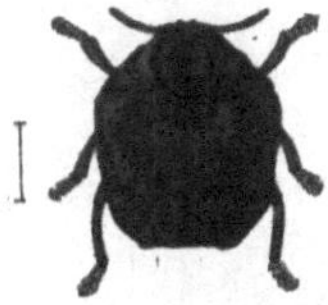

2.

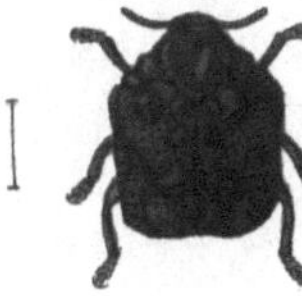

3.

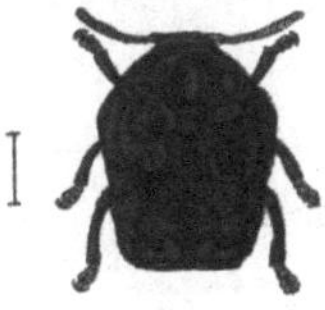

4.

5.

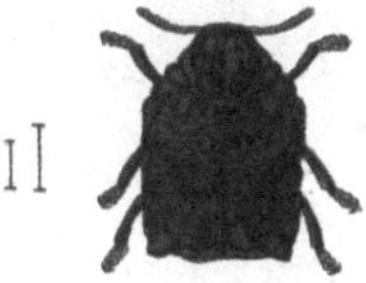

6.

7.

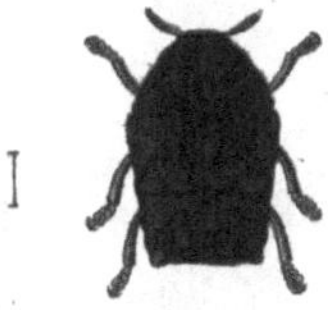

8.

9.

10.

11.

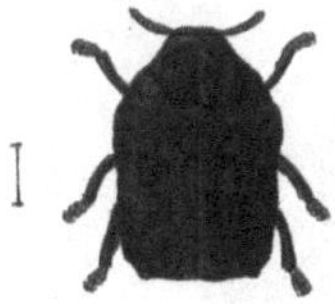

12.

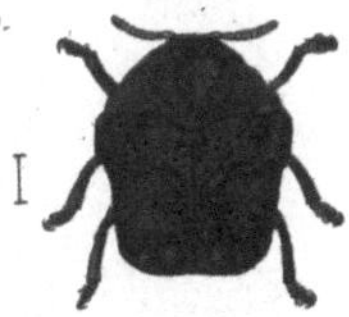

Tab. VIII.

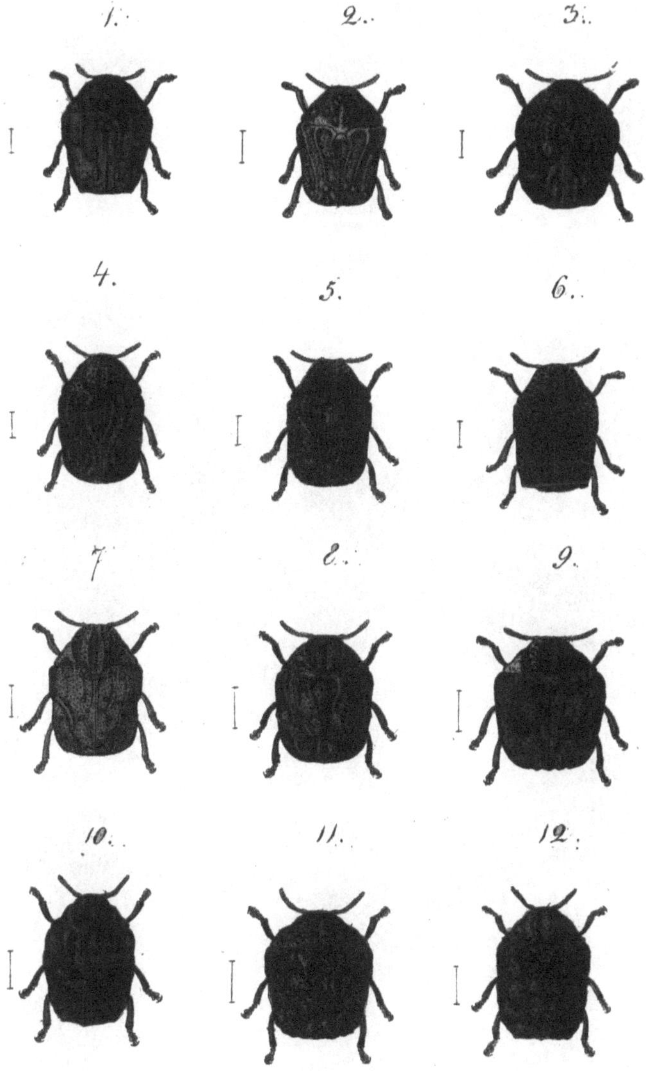

Klug. Monogr.

Tab. VIIII

Klug. Monogr.

Tab. X.

Klug Monog.

FSC
www.fsc.org
MIX
Papier | Fördert gute Waldnutzung
FSC® C083411

Kolibri 360 GmbH
Ferdinand-Jühlke-Straße 7
99095 Erfurt, Deutschland
produktsicherheit@kolibri360.de